두 발로 쓴
국토종단
이 야 기

두 발로 쓴 국토종단 이야기

발행일	2018년 9월 14일		
지은이	조 지 종		
펴낸이	손 형 국		
펴낸곳	(주)북랩		
편집인	선일영	편집	오경진, 권혁신, 최예은, 최승헌, 김경무
디자인	이현수, 김민하, 한수희, 김윤주, 허지혜	제작	박기성, 황동현, 구성우, 정성배
마케팅	김회란, 박진관, 조하라		
출판등록	2004. 12. 1(제2012-000051호)		
주소	서울시 금천구 가산디지털 1로 168, 우림라이온스밸리 B동 B113, 114호		
홈페이지	www.book.co.kr		
전화번호	(02)2026-5777	팩스	(02)2026-5747

ISBN   979-11-6299-323-1 03980 (종이책)   979-11-6299-324-8 05980 (전자책)

이 도서의 국립중앙도서관 출판예정도서목록(CIP)은 서지정보유통지원시스템 홈페이지(http://seoji.nl.go.kr)와 국가자료공동목록시스템(http://www.nl.go.kr/kolisnet)에서 이용하실 수 있습니다.
(CIP제어번호 : CIP2018029593)

(주)북랩 성공출판의 파트너
북랩 홈페이지와 패밀리 사이트에서 다양한 출판 솔루션을 만나 보세요!
홈페이지 book.co.kr · **블로그** blog.naver.com/essaybook · **원고모집** book@book.co.kr

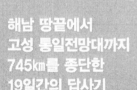

두 발로 쓴
국토종단
이 야 기

해남 땅끝에서
고성 통일전망대까지
745㎞를 종단한
19일간의 답사기

조지종 지음

누구나 할 수 있다, 국토종단!
최적의 루트로 손쉽게 숙식을
해결하는 노하우와 깨알 같은 정보로
가득 찬 대한민국 新지리지

북랩 book Lab

prologue

이 길을 걷는 이유

국토종단. 오래된 과제였다. 걷고 싶었고, 자신의 능력을 확인해보고도 싶었다. 더 특별한 이유가 있다. 루트 개발이다. 국민 누구나 두려움 없이 도전할 수 있는, 마음만 먹으면 누구나 쉽게 찾아갈 수 있는 그런 코스를 찾아내고 싶었다. 내 직접 체험을 통해서다. 그래서 국토종단을 망설이는 사람들에게 그걸 알려주어, 희망을 갖게 하고 싶었다.

출발 전에 이미 국토종단을 마친 여러 사람들의 사례를 살폈다. 비슷했다. 많은 궁금증이 풀렸지만, 여전히 의문은 남았다. 역시 루트였다. 국토종단을 처음 시작하려는 자들에겐 시원한 답이 되지 못했다.

초심자들은 불안을 안고 접근한다. '어디를 거쳐 어디로, 어떻게 가야 하나?' '내가 할 수 있을까?' 이런 것들이다. 이런 것들을 해소할 수 있는 게 바로 최적의 루트라고 생각한다.

욕심이 생겼다. 내가 해결하고 싶었다. 최적의 루트를 개발하고 싶었다. 개발만이 아니라 누구나 쉽게 활용할 수 있도록 이 세상에 내놓고 싶었다. 그래서 누구나 시간만 낼 수 있다면 국토종단이 가능하도록 하고 싶었다. 그런 마음으로 걸었다. 그런 마음으로 이 책을 썼다. 걸으면서 두 눈으로 확인한 것들을, 뜨거운 가슴으로 느낀 감정들을 그대로 쏟아냈다.

국토종단을 출발하기 직전에 우리나라 등뼈 산줄기인 백두대간과 아홉 개의 정맥을 모두 단독으로 종주하는 데 성공했고, 2016년 4월에는 고향 진도 해안도로를 따라 걷는 진도 일주를 마쳤다. 1대간 9정맥 단독 종주와 진도 일주의 경험이 이번 국토종단 길에 큰 힘이 되었다.

막상 계획을 잡고서도 출발하려면 눈앞이 캄캄할 것이다. 과연 내가 할 수 있을까? 준비물은? 잠은 어디서 자고 식사는 어떻게 할까? 등 때문에 말이다. 누구나 할 수 있다. 대신 평소에 기본 체력을 다져 놓을 필요가 있다. 출발 1개월 전에는 자신의 걷기 능력을 테스트해 볼 필요가 있다. 하루 7~8시간을 걸을 수 있다면 충분하다. 속도는 중요하지 않다.

국토종단은 20일 이상 연속해서 포장도로를 걸어야 한다. 해서 준비물은 꼭 필요한 것 위주로 최대한 간소하게 꾸려야 한다. 배낭 무게 때문이다. 등에는 가벼운 배낭만, 손에는 필기구만 쥐고 자유롭게 걷도록 해야 한다. 스틱은 없어도 된다. 대신 신발을 잘 선택해야 한다. 등산으로 단련된 사람은 등산화가 좋겠지만 그렇지 않은 사람은 트레킹화가 좋을 것이다.

잠잘 곳과 식사가 걱정될 것이다. 염려할 것 없다. 잠은 찜질방, 민박이나 여관을 이용하면 되고 야영도 가능하다. 나는 평소의 산줄기 종주 산행 경험을 바탕으로 1인용 텐트를 지참, 주로 야영으로 해결했다. 식사 문제도 걱정할 게 못 된다. 식당과 편의점이 도처에 있어 손쉽게 해결이 가능하다. 나는 하루 3식 중 1식은 든든하게 식당에서 매식하고 나머지는 간편식으로 그때그때 해결하였다. 반면 걷고 있는 주변 관찰과 기록에 큰 비중을 두고 길을 걸었다.

이번에 개발한 국토종단 루트는 문경새재와 오대산 상원사에서 두로령을 넘어 명개리로 내려가는 구간을 제외하고는 모두 포장도로를 따라 걷게 된다. 그 중에는 터널을 여섯 번이나 통과하기도 한다. 포장도로 중에는 갓길이 거의 없고 교통량이 많은 곳도 있어 상당한 주의가 필요하다. 터널은 길이가 짧은 터널이 대부분이어서 생각보다 위험하지 않고, 햇빛이 내리쬐는 여름철에 국토종단을 할 경우에는 더위를 피할 수 있는 이점이 있기도 하다.

국토종단은 목표가 뚜렷해야 한다. 그래야 도중하차나 사고 예방에도 도움이 된다. 이번 국토종단을 통해서 많은 걸 배우고 얻었다. 기대했던 모든 것을 얻었다고 자부한다. 22개 시군을 거쳤다. 셀 수 없을 정도로 수많은 마을을 지났다. 시군마다 가로수가 달랐고, 특산품이 달랐다. 지나는 마을마다 마을 표석이 달랐고 인심이 달랐다. 가장 큰 수확은 네 분의 은인을 만난 것이다. 스승 네 분을 길 위에서 만난 것이다. 이 모든 것이 국토종단을 통해서 얻고자 했던, 확인하고자 했던 것들이다. 다 얻었고 모두 확인했다. 감사할 일이다. 행복했다.

국토종단을 마치고 난 감회가 남다르다. 금수강산이라는 아름다운 우리 자연을 두 눈으로 확인하였고, 공공재인 도로 관리의 중요성을 다시 한 번 깨달았다. 그리고 관광 등을 통한 지역별로 특화된 지역발전 전략이 필요하다는 걸 인식하게 되었다. 하지만, 역시 중심은 '사람'이라는 것을 알게 되었다. 그 '사람'에게서는 '인정'이 묻어나고 '배려'를 기대할 수 있어서다.

앞서 네 분의 스승을 만났다고 했다. 그분들을 통해 나 자신을 돌아보게 된 것이, 그로 인해 앞으로 나의 삶의 지표에 변화가 생기게 될 것이 가장 큰 수확이라면 수확이다. 지금도 그분들을 만나던 순간을 생각하면 가슴이 뛴다. 하루빨리 탈고를 해서 이 책을 세상에 내놓고 싶다. 국토종단을 통해서 내가 느낀 감동들을 많은 사람들과 함께하고 싶어서다. 국토종단 루트 때문에 고민하는 사람들에게 시원한 해답을 주고 싶어서다.

2018. 8월

조지종

$\mathcal{C}$ontents

부록

일러두기

 전 구간을 혼자 걸었으며, 1인용 텐트를 지참하여 숙소
는 야영과 찜질방을 이용하였고(야영 10회, 찜질방 8회, 마
을경로당 1회) 식사는 전부 매식으로 해결.

　해남 땅끝에서 강원도 고성 통일전망대까지 이어지는 도로 중 가급
적 직선으로 이어지는 도로(지름길)를 택하여 걸었으며, 단, 문경에서
수안보 은행정교차로까지와 오대산 상원사에서 홍천군 내면탐방지원
센터까지는 산길을 걸었다.

　이 책에 표기된 거리는 인터넷상의 지도에 의한 거리를 기준으로 하
였다.

　이 책에 표기된 마을 위치는 국도(또는 지방도로)를 걷다가 만나게 되
는 마을 표석(또는 표지판)이 세워진 곳을 기준으로 하였다.

오래된 숙제

국토종단. 내게는 오래된 숙제가 되어버렸다. 그동안 번번이 다른 것들에 치어 미뤄졌었다. 재직 중에는 25일 정도의 장기간 자리를 비울 수 없다는 이유로, 퇴직 후에는 다른 진행 중인 일들이 꼬리를 물고 얽혀 있었기 때문이다. 어느 것 하나 소홀히 할 수 없는 그런 것들이었다.

사실 바빴다. 3월부터는 종일 강의를 들어야 하는 기술교육 수강에 돌입했고, 그 틈새 주말에는 몇 년 전부터 이어져 온 1대간 9정맥 종주 대미를 장식하는 백두대간 걷기를 이어가야만 했다. 계획대로 6월에 백두대간 종주를 마쳤고, 8월에는 5개월 과정의 기술교육을 수료했다. 그리고 9월 10일 자격시험을 치르고 나서야 비로소 출발할 수가 있었다. 그날 오후 드디어 꿈에 그리던 국토종단을 출발하였다.

반드시 국토종단을 하려는 이유가 있다. 내 국토를 끝에서 끝까지, 남쪽 끄트머리에서 북쪽의 끝까지 자신의 두 발로 걷는다는 것도 큰 이유가 되겠지만 그보다는 우리 국민 누구라도 쉽게 국토종단을 할 수 있는 최선의 국토종단 루트를 내가 개발하겠다는 것이 더 큰 이유였다.

젊은 사람이고 나이 든 사람이고 간에 많은 사람들이 국토종단을 희망하고 있을 것이다. 나만 해도 그렇다. 막연하게나마 아주 오래전부터 국토종단을 희망했었다. 하지만 그때마다 시도를 접어야만 했다. 이유가 있다. 다른 이유들도 있었지만 루트가 가장 큰 문제였다. 어디에서 출발해서 어디어디를 거쳐 어디로 갈까가 문제였다. 다른 사람들도 마찬가지였을 것이다. 그걸 내가 해결하고 싶었다. 그러던 차에 국토종단을 출발할 수 있는 절호의 기회가 왔다. 물론 의욕이 있고 여건이 갖춰진다고 해서 모두가 출발할 수 있는 것은 아니다. 중요한 것이 또 있다. 국토종단은 25일 이상이 소요되는 장기 도보길이다. 그래서 25일 이상을 쉬지 않고 걸을 수 있는 체력이 뒷받침되어야 한다. 다행스럽게도 나는 체력적인 부담은 덜 수가 있었다. 10여 년 이상을 우리나라 산줄기 걷기를 계속해왔기 때문이다. 우리나라의 뼈대 산줄기에 해당하는 소위 1대간 9정맥이라고 부르는 백두대간과 아홉 개의 정맥 종주를 해오고 있었던 것이다. 산 능선 길에 비하면 아주 평탄한 도로를 걷는다는 것은 문제될 게 아니었다. 긴 거리도 그렇다. 800킬로미터 정도인 국토종단의 거리도 문제될 게 아니었다. 바로 엊그제까지 이미 수천 킬로미터에 해당하는 산길을 걸었으니 말이다. 어찌 보면 국토종단을 출발할 수 있는 모든 것이 전부 갖춰진 나였다. 하려는 의지만이 나를 시험하고 있었다.

자연스럽게 출발 시기도 결정되었다. 숙박도 길 위에서 해결하는 것이 원칙이었기에 춥지도 덥지도 않은 때를 원했다. 이런 조건에 적합한 때가 9월이었다. 모든 게 맞아떨어졌다. 진행 중이던 교육이 끝났고, 교육의 결과를 인정받는 시험까지 치른 날 바로 당일에 출발했다. 출발 당일 땅끝마을에 비가 내린다는 예보가 있었지만 크게 신경 쓰지 않았다. 빗길을 걷는 것도 국토종단 중에 있을 수 있는 하나의 자연스러운 과정이라 생각했기 때문이다. 도중에 추석 연휴가 끼어있었지만 이것 또한 장애가 될 수는 없었다. 문제라면 출발하느냐 마느냐 하는 결심만이 문제였다. 쉽게 생각하니 또 이렇게 쉬울 수가 없었다. 유쾌한 마음으로 준비를 하고 배낭을 꾸렸다. 마치 시작만 하면 끝은 저절로 보이는 것처럼.

설레고 기대된다. 25여 일 후 강원도 고성 통일전망대에 이르면 그때의 감격이 어떨지가….

땅끝을 향해

2017년 9월 10일 일요일, 종일 맑다

 가슴을 짓누르던 자격시험을 치르고 해방의 기쁨도 누릴 새 없이 서울 고속버스터미널로 향한다. 일요일 오후라서 인지 터미널은 한산하다.

오후 5시 55분에 서울을 출발한 해남행 버스는 밤 10시가 막 넘어서면서 해남종합터미널에 도착한다. 빗방울이 떨어진다. 벌써부터 서울과 지방의 차이를 느낀다. 몇 시간 전의 서울은 쾌청했는데….

새로운 땅처럼 보인다. 그새 터미널이 이전했나? 그런 것 같다. 그동안 보지 못했던 주변 환경들이다. 예전에 진도에서 광주를 오갈 때 경유지였던 그때의 해남 터미널이 아닌 것 같다. 밤중에 보는 풍경이라 확신할 수는 없지만 어쩐지 시내에서 좀 멀어진 변두리 같은 기분, 뭔가 새롭게 들어서고 있는 신도시 같은 분위기다. 당연할 것이다. 벌써 30년도 더 지난 소싯적 이야기가 되어버렸으니.

주변에는 버스에서 같이 내린 승객들 몇 사람만이 제 갈 길을 찾느라 허둥댈 뿐 거리는 한산하다. 한산하다 못해 냉랭하다. 빗방울이 날리는 일요일 밤인 탓도 있을 것이다. 무엇보다도 저녁식사가 급하다. 그런데 주변을 둘러봐도 불이 켜진 식당은 보이지 않는다. 간혹 불이 켜진 곳도 이미 영업을 종료하고 마무리 중이다. 할 수 없이 편의점으로 향한다. 이번 여행길에선 잘 먹겠다는 것도 여행 원칙 중의 하나였는데, 첫날부터 꼬인다.

편의점에는 비교적 많은 손님들이 자리를 차지하고 있다. 편의점 안은 물론 처마 밑 탁자까지 빈자리가 거의 없다. 예상외다. 그중에는 소주잔을 기울이고 있는 외국인 근로자들도 보인다. '비 내리는 가을밤, 외국인 근로자, 처마 밑 탁자, 소주잔'. 얼핏 보면 괜찮은 그림처럼 보이는데, 한편으론 다른 생각도 스친다. 쓸쓸하다는, 왠지 처량하다는 그런 느낌 말이다.

이곳 터미널 근처에는 24시 찜질방이 두 개나 있다. '참숯불가마'와 '보석불가마'다. 편의점 주인의 조언대로 최근에 개업했다는 보석불가마를 오늘 저녁 숙소로 찜한다. 빗방울은 갈수록 굵어진다. 내일이 걱정된다. 내일은 비가 그쳐야 할 텐데….

편의점에서 간편식으로 저녁을 때우고도 한동안을 더 기다렸지만 비는 그칠 줄을 모른다. 쉽사리 그칠 비가 아니다. 편의점 입구에 쌓여 있는 빈 박스 한쪽 귀퉁이를 뜯어 우산 대신 머리 위를 가리고 보석불가마를 향해 달린다.

등짐처럼 높고 거대한 배낭을 짊어진 내 행색을 본 찜질방 주인은 큰 사물함 키를 내준다. 센스 있는 주인이다. 찜질방 시설은 그런대로 괜찮지만 손님은 몇 사람 보이질 않는다. 시골인 탓일 게다.

빈틈이 없었던 빡빡한 하루였다. 피곤이 몰려온다. 스마트폰으로 내일 날씨만 확인하고 바로 잠자리에 든다.

해남 땅끝에서 고성 통일전망대까지

〈국토종단 이동경로〉

9월 11일 월요일, 아침 8시까지 엄청난 비가 오다가 개다

1

해남 땅끝에서
강진군 신전면 봉양마을까지

해남 땅끝에서 출발,

빨간 잠자리가 가을 길을 터주었고

신전면 보건지소 앞에 첫 밤을 보낼 텐트를 치다

이동경로

해남 땅끝→통호리→ 영전백화점→ 남창→ 오산리→ 북일면 쇄노재
→ 북일초교→ 강진군 신전면 영수마을→ 신전초교→ 봉양마을(신전
보건지소 입구에서 야영)

6시 10분에 출발하는 땅끝행 첫차를 타기 위해 일찍 찜질방을 나선
다. 비는 내리진 않지만, 하늘엔 먹구름이 잔뜩 끼어 캄캄하다. 당장
에라도 비가 쏟아질 태세다. 매표소 직원도 이제 막 들어섰는지 연신
하품이다. 6시 10분이 가까워져 오자 버스 출발을 알리는 기사 양반
의 묵직한 육성이 터미널 안을 울린다. 부랴부랴 버스에 오른다. 승객
은 나를 포함해서 세 명뿐.

출발 때부터 내리기 시작하던 빗방울은 갈수록 굵어진다. 앞 유리
창을 열심히 닦아내던 와이퍼가 급기야 최고 속력을 내보지만 중과
부적이다. 빗물은 앞 유리창을 타고 흘러내릴 정도다. 장마 때 도랑물
흐르듯이 말이다. 버스 기사는 라이트도 켜고 버스 속도도 줄이는 등
안전운행을 위해 할 수 있는 모든 것을 다 해본다. 하지만 갈수록 어

두워지면서 쏟아지는 장대비에는 속수무책. 할 수 없이 정류소에서 한동안 멈춰 기다려보기도. 멈추지 않을 비라는 것을 간파한 버스 기사는 다시 조심스레 달리기 시작한다. 이런 비는 버스가 땅끝마을 종점에 도착할 때까지 계속되었다(6시 55분).

땅끝마을은 빗소리에 점령되어 침묵에 빠져 있다. 주차장에 주차된 대형버스조차도 말이 없다. 애처롭다. 관광지로서 신나야 할 항구마저도 묵언 기도 중인 듯 인적조차 없다. 건어물 판매를 겸하는 편의점만이 그나마 형광등불을 밝히고 있어 한 가닥 희망을 갖게 한다.

현란하게 춤추듯 쉬지 않고 땅바닥을 때리는 비, 어디론가 피해야 할 판. 공중화장실 처마 밑으로 달린다. 처마 밑은 이미 두 사람이 점령하고 있어 내가 설 자리가 마땅찮다. 두 사람은 식은 도시락을 펼쳐 놓고 아침 식사 중이다. 관광버스 기사와 가이드인 듯. 이때 편의점에서 막 나오는 장년 한 분이 혼잣말처럼 중얼거린다. "오늘 배가 못 뜬다네."

장대비는 어느 순간 가는 비로 바뀐다. 나도 아침 식사가 급하다. 어제부터 식사가 부실했다. "금강산도 식후경이다."란 말 딱 그대로다. 식당을 찾으러 도로를 따라 오른다. 간판은 있으나 불 켜진 식당은 좀처럼 나타나지 않는다. 계속 도로 위쪽으로 오르니 좌측에 희미한 불빛이 스며 나오는 식당이 보인다. '극동식당'. 닫힌 문을 열고 식사 되냐고 물으니 빨리 들어오라고 한다. 비가 들쳐서 문을 닫아 놓았고 그래서 빨리 들어오라고 한 것이다. 다행이다.

식당은 작고 좁다. 내실과 홀과 손님을 받는 방이 연결된 구조다. 주방이 딸린 홀에서 일을 하시는 할머니가 식당 주인이자 주방장이다. 잠시 후 할머니가 내실을 향해 소리치자 할아버지가 나오신다. 음식

서빙이 할아버지의 역할이다. 할아버지가 몰고 나온 진한 담배 냄새가 한꺼번에 홀 안으로 밀려든다. 이 좁은 식당이 담배 연기로 가득 찬다. 비가 오기 때문에 문도 열 수가 없다. 이럴 수가? 시골이어서일까?

식사를 마쳤는데도 비는 그칠 줄을 모른다. 비가 어느 정도 멎을 때까지 식당에서 시간을 때우기로 한다. 믹스 커피를 한 잔 뽑아든다. 갑자기 내 배낭에 꽂힌 '國'자가 적힌 깃발을 보신 할아버지가 묻는다.

"이것이 뭣인가?"

"국토종단을 의미하는 깃발입니다."

"국토종단? 어디까지 가?"

"강원도 고성 통일전망대까지 갑니다."

"그런 것 달고 댕기더구먼. 혼자서?"

"네."

"어? 전번에는 여럿이서 밥 먹으러 왔는디. 국토종단 한담시로."

"그렇게들 합니다."

"그래도 여나무씩 같이 댕겨야제…. 나이도 솔찬히 된 것 같은디."

"그런데, 땅끝탑으로 가는 길목이 어디에 있습니까?"

"그거 이 아래로 쭈욱 내려가면 되야. 편의점 지나면 올라가는 계단이 있어. 그리 쭈욱 가면 되야."

"고맙습니다."

"계단 올라가서 오르다가 삼거리에서 전망대 쪽으로 가불면 안 되야. 모노레일 건물 있는 곳에서 갱물 따라서 왼쪽으로 가야 되야."

"고맙습니다."

어르신은 내가 묻지도 않은 것까지 말씀해 주신다. 친절이 몸에 밴 탓일 거다. 어르신이 할 수 있는 베풂일 것이다. 알 듯 모를 듯한 몇 마디를 더 남기고 어르신은 내실로 들어가신다. 그리고 문을 꼭꼭 닫으신다. 아마도 또 담배가 생각났을 것이다. 그래서 뒤도 안 돌아보고 들어가셨고, 문을 꼭꼭 닫으셨을 것이다.

비가 그치기를 기다려보지만 그칠 기미가 보이지 않는다. 이번에는 강풍까지 동반한다. 엎친 데 덮친 격이다. 이대로 하루를 공칠 것 같은 생각이 든다. 이러면 안 되는데…. 좀 더 기다려보기로 한다.

10여 분을 더 내린 비는 제 역할을 다했는지 조금씩 가는 비로 변한다. 바람도 제정신을 찾아 숨어든다. 출발하기로 한다. 우의를 착용하고 주인 할머니께 인사를 드리고 식당 문을 나선다(08:16). 오래전부터 계획되고 기회만 보고 있던 국토종단 첫걸음이 드디어 시작되는 것이다.

먼저 땅끝탑을 찾아간다. 어르신이 일러준 대로 편의점을 통과하니 선착장에 이르고, 이곳에서 우측에 있는 공터 쪽으로 방향을 트니 역시 어르신 말씀대로 그 목재계단이 있는 곳에 이른다. 바닥은 목재 데크로 잘 마감되어 있고 주위는 목책 울타리가 둘러쳐져 있다. 주변을 둘러본다. 하늘엔 둔탁한 먹구름이 낮게 깔려 당장이라도 다시 폭우를 쏟아 놓을 기세이고 바다는 성이 난 듯 잔뜩 찌푸리고 있다. 항구에 정박해 있는 배는 마치 바다의 그런 속성을 알고 있다는 듯 말없이 웅크리고 있다. 목책 울타리 너머 멀지 않은 바닷속에는 두 개의 바위가 마치 쌍둥이처럼 나란히 자리 잡고 있다. 땅끝임을 알리는 표석이 있고, 땅끝 해남관광안내도도 세워져 있다. 적혀 있는 글자란 글자는 모조리 정독해 둔다. 혹시나 앞으로 있을 여행길에 필요한 정보가 될 수 있을까 해서다. 또 이번 여행길을 가볍게 생각하지 않는다는 마음의 발로일 수도 있다. '땅끝천년숲옛길', '산자락길'이라고 적힌 표지목을 양쪽에 두고 설치된 목재계단을 오른다. '비로소 국토종단이 시작되었구나.' 하는 실감이 난다. 계단을 넘어서니 어두워진다. 길이 숲속으로 이어지기 때문이다. 동백나무 숲이다. 바로 안내판이 나온다. '한반도 최남단 땅끝'이라는 안내판이다. 땅끝의 지리적 현황(위치: 전남 해남군 송지면 송호리 산 43-6, 위도: 북위 34도 17분 32초/경도: 동경 126도 31분 25초)과 땅끝 유래가 적혀 있다. 이곳은 한반도 최남단으로 북위 34°17'32"의 해남군 송지면 갈두산 사자봉 땅끝이다. 『신동국여지도』 만국경위도에서는 '우리나라 전도 남쪽 기점을 이곳 땅끝 해남현에 잡고 북으로 함경북도 온성부에 이른다'고 말하고 있다. 또한 육당최남선의 『조선상식문답』에는 '해남 땅끝에서 서울까지 1천 리, 서울에서 함경북도 온성까지를 2천 리로 잡아 우리나라를 3천 리 금수강산이라고 하였다. 오래전 대륙으로부터 뻗어 내려온 우리 민족이 이곳에서 발을 멈추고 한겨레를 이루니, 역사 이래 이곳은 동아시아 3국 문화의 이동로이자 해양문화의 요충지라고 할 수 있는 곳이다.'라고 적혀 있다. 이곳은 1986년에 국민관광지로 지정되어 토말탑이 세워졌다. 사자봉 정상에 건립된 전망대에서는 흑일도·백일도·노화도 등 수려한 다도해가 한눈에 보이기도 한다. 1981년에 건립된 토말비에는 또 이렇게 적혀 있다. '…맨 위가 백두산이며, 맨 아래가 이 사자봉이니라. 우리의 조상들이 이름하여 땅끝 또는 토말이라 하였고…'라고.

땅끝 표석

땅끝 안내문

오름길 주변에 멋진 소나무들이 바다를 배경으로 한껏 포즈를 취하고 있다. 땅끝탑이 900미터 거리에 있다는 것을 알리는 이정표가 나오더니 바로 땅끝 모노레일이 시작되는 대합실에 이른다. 삼거리길이다. 조금 전 식당에서 할아버지가 일러주시던 바로 그 삼거리다. 이곳에서 우측으로 오르면 전망대에 이르고 내가 찾아가고자 하는 땅끝탑은 좌측길이다. 대합실에 들러 땅끝탑 위치를 한 번 더 확인하고서 좌측으로 진행한다. 그런데 대합실을 떠나면서도 그곳 여직원이 내게 보인 말과 표정이 자꾸 어른거린다. 왠지 귀찮아하고 어처구니없어 하는 투의 말과 표정이었다. 자기가 기다리는 손님이 아니어서 그랬을 것이다. 또 이렇게 비 내리는 이른 아침에 땅끝탑을 찾는 사람이 조금은 이상하게 보였을지도 모른다.

땅끝탑에 이르는 길은 마치 해안도로를 따르는 것처럼 바다를 끼고 돌게 된다. 여느 해안도로와 다른 점이 있다면 폭이 좁고 흙길이라는 점, 그리고 조금 가다가 바로 끝을 보인다는 것이다. 목재계단과 흙길이 반복된다. 드디어 땅끝탑이 보이기 시작하더니 바로 탕끝탑에 이른다(08:50). 땅끝탑은 산자락길 끝 지점의 바다 위 산기슭에 자리 잡고 있다. 태극기와 함께 당당하게 자리 잡고 있다. 앞에는 망망대해, 바다를 향하는 뱃머리 모양의 구조물도 설치되어 있다. 이곳에 적힌 '희망의 시작 땅끝 해남'이란 글귀가 새롭다. 나의 국토종단 출발이 희망의 시작이라는 메시지로 들린다. 내리는 비 때문인지 바다는 표정이 없다. 거칠게 일고 있는 풍랑 때문에 조금은 화가 나 있는 것도 같고. 정성을 다해 기도드린다. 이번 국토종단을 무사히 마칠 수 있도록 끝까지 지켜 달라고. 다짐한다. 하루에 반드시 40킬로미터 이상씩 걸어서 계획한 기간 내에 꼭 완주할 것이라고. 그래서 이번에 나의 국토종단이 끝나면 국민 누구나가 쉽고 효율적으로 이용할 수 있는 가장 모범적인 국토종단 루트가 개발되기를. 그래서 전 국민에게 자신 있게 공개할 수 있게 되기를. 기도와 다짐을 한 번 더 되뇌면서 땅끝탑을 떠난다(09:01).

땅끝탑을 떠나려니 뭔가 모를 아쉬움이 남는다. 좀 더 머물며 뭔가를 대화했어야만 했는지도 모르겠다. 그러나 어쩌겠는가. 오늘 중으로 가야 할 일정이 꽉 차 있으니.

땅끝탑에서 되돌아서서 10여 분 만에 다시 찾은 곳은 땅끝 관광안내소. 사전 조사를 통해 이미 알고는 있지만 한 번 더 확실하게 국토종단 길 안내를 받고 또 해남군 관광지도를 얻기 위해서다. 관광안내소는 아침에 버스에서 내려 지나친 공중화장실 근처에 있다. 이제 막아홉 시가 넘었음에도, 이렇게 궂은 날씨임에도 관광안내소에는 다행스럽게도 직원이 이미 출근해 있다. 예상했던 대로 관광안내소를 들른 효과가 크다. 안내소 직원이 준 해남 관광지도 첫 페이지 맨 위에는 이런 글이 적혀 있다. '여느 땅과 같지만 그 곳에 서 있는 것만으로도 의미 있는 곳!' 멋진 표현이다. 지금 그런 곳에서 안내를 받고 있다. 안내원은 또박또박한 발음과 음성으로 최대한 정성껏 안내해 준다. 자세한 이곳 지리는 물론 소요시간까지 친절하게 알려준다. 그런데 알고 보니 이분은 해남 사람이 아니다. 더 놀라운 것은 우리나라 사람이 아니라는 것이다. 일본인이다. 이 사실을 어떻게 받아들여야 할지. 해남 사람만이, 우리나라 사람만이 이런 자리에 앉아야 한다는 법은 없지만 그래도 뭔지 모를 아쉬움이 남는다.

해남군 관광안내도를 받아 들고 관광안내소를 나선다. 이제 오늘 걸음은 해남군 송지면 땅끝마을에서 출발하여 북평면, 북일면을 거쳐 강진군 신전면까지 이어지게 될 것이다. 관광안내소 문을 나서는 순간에 비로소 국토종단에 돌입했음을 실감하게 된다. 지금 내가 서 있는 곳은 해남군 송지면 송호리. 한반도의 최남단 마을이다. 갈두리 혹은 칡머리라고도 불리는 곳이다. 해남군은 1개 읍과 13개 면으로 조직된 전라남도 최대의 군이다. 넓은 지역인 만큼 다양한 문화적 성격을 띠고 있다. 과거 영산강 유역의 문화요소들이 파급되거나 형성되는 배경지였고 또한 반도의 중심 세력이 전파되는 막다른 골목지였다. 서남부를 경유하는 해로가 있어 중국과 한반도, 일본을 연결한 문화 이동로이기도 했다.

날씨는 금방이라도 다시 비가 쏟아질 듯 하늘은 잔뜩 찌푸려 있다. 땅끝탑에 갈 때 입었던 우의는 아직도 그대로 입고 있다. 언제 다시 비가 내릴지 몰라서다. 차도를 따라서 10여분을 진행하니 삼거리에 이르고 우측에 안내판이 세워져 있다. 안내판은 해양자연사박물관으로 가는 길을 알리고 있다. 이곳에서 우측인 완도, 강진 방향으로 4킬로미터 거리에 '해양자연사박물관'이 있다는 것이다. 삼거리에서 우측으로 진행한다. 해안도로를 따라 진행하는 셈이다. 갑자기 전화벨이 울린다. '어? 무슨 전화? 집인가?' 다행이다. 마음 푹 놓게 만드는 친구의 응원 전화다. 꼭 완주하고 무사히 돌아오라는 격려 전화다. 고마운 친구. 네가 있어 힘이 난다.

'해양자연사박물관' 안내판

　이번에는 남창이 19킬로미터 남았다는 팻말을 확인한다. 햇빛이 나오는가 싶더니 갑자기 잠자리가 보이기 시작한다. 어렸을 적 날 좋은 가을날에 자주 보던 그 잠자리들이다. 날이 완전히 갤 모양이다. 더 이상 비는 없을 것 같다. 우측 바다가 참 아름답게 보인다. 도로변에 설치된 목책 사이로 짜여지는 바다 풍경의 구도가 참으로 경이롭다. 가로수 나뭇가지 사이에도 바다 위에 떠 있는 배들이 가득 들어있다. 감각이 둔하기로 소문난 나마저도 이곳 바다의 아늑한 정취에는 감탄하지 않을 수가 없다. 그 평화로움에 매혹되어 잠시 발길을 멈춘다. 가는 듯 마는 듯 보이는 작은 배의 움직임은 평화롭다 못해 게으름뱅이처럼 보이기까지 한다. 그야말로 어떤 필설로도 다할 수 없는 진경이다. 이런 때에 가느다란 빗물이라도 느리게 뿌려준다면 금상첨화가 아닐까? 그것까지야 욕심이겠지. 바다를 보면서 걷다 보니 어느덧 통호

마을에 이른다(10:35). 우측에 세워진 마을 표석이 먼저 반갑게 맞는다. 도로변 좌우측으로 주택들이 들어서 있다. 송지면 통호마을은 송지해수욕장과 사구미 해수욕장 사이에 있는 작은 마을이다. 조금 지나니 허름하게 생긴 특산품 판매소가 나온다. 판매소 안에 사람은 없는 것 같다. 사실 요즘 지자체마다 자기네 땅, 자기네 특산품 알리기에 열을 올리고 있다. 5대 명품, 무슨 무슨 8경, 4대 브랜드 등이 그것들이다. 이곳 해남군에도 4대 브랜드라는 것이 있다. 해남쌀, 해남김, 황토고구마, 겨울배추다. 이중에서도 황토고구마와 겨울 절임배추는 전국적으로 꽤나 지명도가 있다. 황토고구마는 밤과 같이 포근포근하고 당도가 높아서, 겨울배추는 흰 눈이 쌓인 겨울철에도 얼지 않고 배추 맛 그대로 남아 있다고 해서 그렇다.

통호마을을 지나 7~8분을 더 진행하니 해양자연사박물관이 나온다. 삼거리에 세워져 있는 대형 입간판이 발길을 붙든다. 박물관을 찾아가려면 그 좌측 도로로 내려가야 한다. 해양자연사박물관은 어느 원양어선 선장이 13여 년간 선장생활을 하면서 세계 각국에서 직접 채취하고 수집한 작품들을 가지고 이곳에 개관했다고 한다. 이곳 박물관에는 세계적인 패류와 산호류, 어류, 포유류, 갑각류, 화석류, 파충류, 육지 곤충에 이르기까지 약 25,000여 종 40,000여 점이 전시되어 있어 특히 아이들에게 큰 관심을 끌고 있다고 한다. 박물관은 송지면 통호리 통호분교 폐교 부지에 만들었고, 박물관에 있는 많은 전시물들은 모형으로 만들어 놓은 것이 아니라 모두 다 자연산으로 100% 실물 크기라고 한다. 그런데 아쉽게도 박물관은 지금 걷고 있는 도로의 좌측 마을에 위치하고 있어 관람을 위해서는 별도의 시간을 내야 한다. 그냥 지나가면서도 마음이 개운치 않다. 사실 국토종단 출발 전부터 이런 경우들에 대해 고민을 했었다. 주변의 볼거리들을 어떻게 할 것인지에 대해서 말이다. 시간을 내서 보고 갈 것인지, 아니면 그냥 갈 것인지를. 결론을 못 내리고 출발했던 게 벌써 여기서부터 갈등이 생기기 시작한다. 해남에는 이곳 말고도 잘 알려진 관광지가 몇 군데 더 있다. 우항리 공룡화석지, 고산 윤선도 유적지, 우수영관광지가 그것들이다. 우항리 공룡화석지는 해남군 황산면 병온마을과 내산마을 사이에 높이 3~4m 길이 5㎞가량 이어진 퇴적암층인 해식절벽이다. 고산 윤선도 유적지는 해남읍에서 남쪽으로 4km쯤 떨어진 해남읍 연동리에 있는 해남 윤씨 종가인 녹우당과 유물관을 말한다. 우수영관광지는 해남읍에서 남쪽으로 30km 지점에 위치한 문내면 학동리 산 36번지 일대에 있는데, 임진왜란 당시 3대 수군대첩지 중의 하나인 명량대첩(1597. 9. 16)의 격전지로 충무공 이순신 장군이 12척의 배로 133척의 배를 격파한 대승첩을 기록한 곳이다.

이제 남창까지는 16킬로미터로 좁혀졌다. 이어지는 마을은 사구리. 표지석이 특이하다. 버스 정류장 옆에 자리 잡은 마을 표석은 조그마한 좌대 위에 거의 사각형 모양의 돌덩이가 올려져 있는데, 그게 원석인지 인조석인지는 모르겠다. 표석에 마을 명과 함께 '해수욕장'이라는 네 글자를 새겨 넣은 것이 이채롭다. 사구리를 통과하니 이번에는 '땅끝조각공원'이 나온다. 이 땅끝조각공원도 오늘 아침에 관광안내소에서 소개해준 명소 중의 하나다. 입구에 있는 아치형 입간판이 이색적이지만 공원은 특별한 게 없다. 규모도 크지 않다. 공원에서 내려다보는 바다 풍경이 오히려 덤으로 나은 것 같다. 이곳에서 10여 분을 보낸 후 출발한다. 북평면이 시작된다는 면계 행정표지판이 나온다. 북평면의 남동쪽은 다도해에 접하고 북쪽은 옥천면·삼산면, 서쪽은 현산면·송지면에 접한다. 또 해남군·강진군·완도군의 분기점으로 교통의 중심지이기도 하다. 면계 행정표지판 위쪽으로 정자가 있다. 정자는 도롯가에 있기에 잠시 올라가 쉬었다가 가던 길을 계속 간다. 30분이상을 쉬지 않고 걸으니 영전백화점에 이른다. 영전슈퍼라는 간판도함께 부착되어 있다. 영전백화점 벽면에는 2005년 3월에 SBS와 MBC에서 이곳 영전백화점이 방영되었다는 알림판이 자랑스럽게 걸려 있다. 영전백화점은 도롯가에 있는 평범한 단층건물 상가인데 물건의 가짓수가 많아서 백화점으로 부르는 것 같다. 슈퍼를 지나 뒤에 연결된창고를 보니 실제로 수많은 물건들이 보관되어 있는 것을 확인할 수가있다. 소위 말하는 만물상회이다. 이 지역에서는 꽤 알려진 슈퍼라고한다.

지역 명물 '영전백화점'

이곳에도 길가에 정자가 있기에 잠시 쉬어간다. 배낭을 내려놓고 드러눕는다. 깜빡 잠이 든다. 개 짖는 소리가 들려 부랴부랴 일어나 다시 출발한다. 좌측의 평암마을과 우측의 신평리, 다시 좌측의 이진리가 차례로 이어지더니 이젠 남창이 지척이다. 그동안 보지 못했던 건물들이 나타나기 시작하더니 잠시 후에 남창에 이른다. 남창의 첫인상은 작은 도시라는 느낌이다. 비교적 높은 건물들이 줄지어 나타나고 차량통행량도 부쩍 늘었다. 이곳 남창사거리에서 잠시 우측에 있는 우체국으로 향한다. 스틱을 택배로 보내기 위해서다. 혹시나 해서 아침에 출발 때부터 손에 쥐고 왔는데, 메모지와 스틱을 동시에 손에 쥐고 걸으면서 메모하기에는 불편한 게 너무 많아서다. 또 평탄한 포장도로를 걷는 국토종단 길에서는 스틱이 굳이 필요하지 않다는 걸 확인했기 때문이다. 사실 출발 전부터 망설였던 것인데, 역시 계륵 같은 존재로 남을 것 같기에 과감하게 보내버린 것이다. 그런데 스틱을 접어서 포장했지만, 길이가 워낙 커서 큰 포장박스를 사용해야만 했고 그래서 택배료가 거의 새로 구입하는 가격에 육박한다. 택배료는 부피와 무게를 모두 고려해서 부과된다고 한다. 아깝다는 생각을 떨칠 수가 없다. 이곳 우체국에서는 자판기 커피가 무제한 무료로 제공된다. 택배료 본전 생각에 그 자리에서 연거푸 두 잔을 뽑아 마신다.

다시 남창사거리로 이동하여 '김가네 쉼터'라는 간판이 걸린 기사식당에서 늦은 점심을 먹는다. 뷔페식 식당인데 반찬뿐만이 아니라 과일, 고기, 음료수까지 푸짐하다. 남기면 벌금을 내야 한다는 경고문이 있었지만, 욕심껏 가져와 정말 맛있게 먹었다. 가격은 차려진 음식에 비해서는 저렴한 7,000원이다.

시간이 많이 지체된 것 같다. 다시 도로 위에 선다. 좌측에 신기마을이, 우측에 차경마을이 나타난다. 오늘 날씨는 그런대로 좋다. 힘 잃은 햇살이 눈가를 간질이는 오후다. 아침에만 비가 내렸고 지금까지 계속 흐린 날씨 그대로다. 바람도 간간이 불어주고 있어 걷기에는 괜찮다. 다만 포장도로가 연속된다는 것이 문제다. 차경마을을 지나 좌측에 남창 휴게소가 나온다. 그런데 대낮인데도 휴게소 안에서는 뽕짝 메들리가 우렁차고 흥겹게 흘러나온다. 도로를 혼자 걷는 나그네인 나는 괜찮지만 다른 이에겐 어떻게 들릴지 모르겠다. 좌측의 오산리를 통과하니 동해리 마을이 이어진다. 오산리라는 마을 이름은 내 고향의 우리 마을 이름과 같다. 전국에는 같은 지명이 수없이 많다는 것을 알고 있는데, 이곳에서 또 확인하게 된다.

늦은 점심을 거하게 먹은 탓인지 피곤이 몰려온다. 걷기에는 아주 좋은 계절이지만 포장도로는 또 산길과 다른 것 같다. 발바닥으로 느끼는 촉감이 많이 다르다. 그렇지만 나보다 나이 많은 사람도, 연약한 여성들도 이미 이 길을 걸었다는 걸 생각하면서 힘을 낸다. 더욱 오늘은 국토종단 25일 정도의 일정 중 겨우 첫날이 아닌가. '농촌건강장수마을'이라는 표석이 세워진 북평면 동촌리를 지나면서 주변을 촬영하는데, 촬영장 앞을 지나가시려던 4륜전동차를 탄 할머니가 내 모습을 보고서 가던 길을 멈춘다.

"할머니 그냥 지나가셔도 됩니다."

"안 돼. 빨리 찍어."

안 된다는 할머니 말씀에 순간 내가 당황스럽다. 죄송하다는 말씀을 드리고 서둘러 촬영을 마친다. 아무리 시골할머니지만 초상권을 지키고 싶어 하실 것이다. 내 입장만 생각했지 미처 할머니의 자존감을 배려하지 못한 것이다. 다시 한 번 고개를 숙여 인사를 드리고 가던 길을 서두른다.

도로변에서 인상 깊은 플래카드를 발견한다. '동촌주민 호구로 본 태양광 업자 몰아내자!'라고 적혀 있다. 마을이 태양광 업자 때문에 손해를 봤든지 아니면 더 많은 이익을 볼 것을 그렇지 못한 데 따른 저항인 것 같다. 요즘 전국 어디에서나 쉽게 볼 수 있는 구호다. 이젠 시골도 예외가 아니다. 이런저런 생각을 물고 가다가 어느새 쇄노재에 도착한다. 이곳에서부터 북일면이 시작된다. 북일면은 강진군과 경계를 이룬다. 북일면 행정표지판이 보이고 맞은편에는 '종'처럼 생긴 돌탑이 설치되어 있다. 인상 깊은 것은 이곳에 있는 주유소다. 노란 바탕에 하얀 페인트로 '쇄노재'라고 주유소 이름을 적었는데, 상식적으로는 이해가 가지 않는다. 노란 바탕에 하얀색은 대비가 약해서 글씨가 잘 드러나지 않을 것이기에 말이다. 그런데 묘하게도 기억이 난다. 아마도 이곳 주유소 주인은 한 차원 높은 다른 생각을 한 모양이다. 잘 알아볼 수 없으니 더 관심 있게 보게 되리라는, 간판을 읽으면서 좀 더 많은 시간을 투자할 것이리라는. 정말 그랬을까? 대답 없는 질문을 혼자서 지껄여 본다.

북평면 동촌리 마을 표석

쇄노재 주유소

우측의 월성마을과 북일 휴게소를 지나니 북일사거리에 이른다. 볼일이 급해 우측에 있는 북일면사무소 화장실로 직행한다. 작고 아담한 면사무소다. 신속하게 볼 일을 마치고 다시 사거리로 돌아와서 직진한다. '생활체육학교'라는 플래카드가 걸려있는 우측의 북일 초등학교를 지나니 강진군 신전면에 진입한다(17:54). 신전면은 강진군의 제일 아래쪽에 위치해 있고 강진만에 연해 있다. 날이 어두워지려 한다. 어느새 어둠이 내리고 있다. 서둘러야겠다. 오늘 저녁은 이곳 신전면에서 보내야 할 것 같다. 마음이 다급해진다. 속보로 50여 분을 내달리니 도로 좌측에 있는 신전초등학교 입구에 이른다. 정문 우측에 세워진 동상이 눈에 띈다. 큰 칼을 옆에 차고 있는 것을 보니 아마도 이순신 장군 동상임에 틀림없다. 신전면 소재지인 봉양마을에 도착한 때는 이미 어둠이 내린 저녁 7시를 넘어섰다. 면 소재지답게 상가마다 전등불이 켜져 있다. 빨리 오늘 저녁 텐트를 칠 곳, 정자를 찾아야 한다. 면사무소, 파출소, 우체국 등 정자가 있을 만한 곳은 모두 둘러보았으나 정자는 보이지 않는다. 특이하다. 마을 안에 정자가 하나도 없다니. 고민 끝에 보건지소 앞 출입구에 텐트를 치기로 한다. 보건지소 출입문에서 도로까지는 복도식으로 천장이 만들어져 있다. 비가 와도 피할 수 있고 바람막이도 될 수 있어 그런대로 괜찮다. 다만 염려되는 것은 사무실 안에 불이 켜져 있다는 것. 그런데 문이 잠겨져 있는 것을 보니 직원들은 모두 퇴근하고 당직자만 남아있는 모양이다. 문제가 생기면 그때 사정 이야기를 하기로 하고 일단 텐트를 치고 본다. 국토종단 첫날밤을 이렇게 강진군 신전면에서 보내게 된다.

강진군이 시작되는 행정표지판

신전면의 가을밤이 깊어 간다. 오늘 새벽, 달리는 버스 유리창을 세차게 내려치던 장대비가, 땅끝탑에 섰을 때의 감회가, 북평면 동촌리를 지날 때 만난 4륜전동차를 탄 할머니의 말씀 등이 떠오른다. 국토종단 첫날부터 비 때문에 하루를 공치게 되지 않을까 마음 졸이던 염려도 생각난다. 아침부터 흐렸던 날씨는 붉은 색깔을 띤 가을 잠자리가 등장하면서부터 서광을 보였다. 국토종단 첫날을 이렇게 무사히 마치게 된다. 명심할 것이다. 오늘 걸었던 이 걸음 그대로를 국토종단이 끝나는 지점인 통일전망대까지 이어가겠노라고. 감사드린다. 나를 지켜준, 나를 지켜보고 있는 모든 분들께.

🥾 오늘 걸은 길

해남 땅끝 → 통호리 → 영전백화점 → 남창 → 오산리 → 북일면 쇄노재 → 북일초교 → 강진군 신전면 영수마을 → 신전초교 → 봉양마을(36Km, 10시간 10분, 우체국 택배 시간 포함)

9월 12일 화요일, 맑다

2

둘　째　　걸　음

강진군 신전면 봉양마을에서
영암읍까지

석문공원 구름다리 아래를 지나고,

강진읍을 거쳐 풀치터널을 피해 좌측 산길로.

석양과 함께 월출산 자락에 안기다

이동경로

봉양마을→ 도암면 월하마을→ 석문공원→덕서리 →강진읍 →다산사거리→ 흥암교차로→ 성전→ 영풍리→신풍삼거리→ 풀치터널→영암(월출관광농원 옥찜질방 이용)

　　새벽 4시 반. 보건지소 직원이 나올까 봐 서둘러 텐트를 철거한다. 아직도 주변은 캄캄. 어둠이 가실 때까지 있을 곳이 마땅찮아 일단 동네 어귀로 나가야겠다. 두텁게 깔려있던 어둠도 차츰 힘을 잃고 그 자리에 아침이 들어서고 있다. 어둠 속에 잠겨 있던 상가의 상호들이 하나씩 눈에 들어온다. '용다방'이란 간판이 눈에 띈다. 예전에는 이 동네도 꽤 번성했던 마을이었을 것이다. 그리 크지 않은 동네에 면사무소, 파출소, 농협, 우체국이 모두 한곳에 집중되어 있어서다. 그런데 지금은 아니다. 마을 외곽으로 신도로가 생겨버렸다. 이런 현상은 이곳만이 아니다. 어쩌면 전국적인 현상일 것이다. 공공기관이 집중되어 있는 것을 보니 또 이런 생각도 든다. 마을의 형성과 유지, 발전에는 공공기관이 큰 역할을 하고 있다고. 이런 공공기관의 운영은 때론 그

마을의 인력들을 필요로 할 것이고 마을의 생산품들을 필요로 할 것이기에 말이다. 이들의 조달에는 전부 돈이 필요하다. 이 돈의 대부분이 마을에 뿌려지는 것 아니겠는가?

신전면 봉양마을 아침 거리

아침 6시. 마을 어귀에서 출발한다. 오늘도 날씨는 맑을 것 같다. 도로 좌측에 삼인마을과 수양마을이 연속해서 나타난다. 너른 들녘에서는 나락이 누렇게 익어가고 있다. 역시 이곳도 공장 같은 것들은 전혀 볼 수 없는 전형적인 농촌이다. 기업체 사무공간 비슷한 것들도 구경할 수가 없다. 잠시 후에 도암면에 진입한다. 마을 표석에 새겨진 글귀가 관심을 끈다. '다산사상이 깃든 고장 도암면'이라고 적혀 있다. 도암면과 다산사상이 무슨 관계일까? 도암면이 다산 정약용이 강진으로 유배되어 11년간 저술활동을 한 다산초당이 있는 곳이란 사실이 떠오른다.

　이제 강진읍이 16킬로미터 정도 남았다. 도로 좌측에는 월하마을이
우측에는 옥전마을이 평화로운 아침을 맞고 있다. 학동마을을 알리는
표석에는 '다산 선생 따님 묘소↑'라고 적혀 있다.

도암면 행정 표석

　도암면에 진입하여 30여 분을 진행하니 도암면 소재지에 이른다.
마을로 들어가지 않고 계속해서 외곽으로 난 넓은 도로를 따라 걷는
다. 마을 안으로 들어가서 아침식사를 하고도 싶지만 지금 이 시간에
문을 연 식당이 있을 것 같지도 않고, 강진읍에 들어가서 해산물 음식
을 먹고 싶어서다. 항촌2교를 건너니 도로 좌측에는 석천마을이, 우
측에는 성자마을이 나오더니 석문공원에 이른다. 도로 위를 가로지르
는 구름다리가 장관이다. 이 구름다리는 석문산과 만덕산을 잇는 출
렁다리로 길이가 111미터에 이른다.

석문산과 만덕산을 잇는 출렁다리

　구름다리를 올려다보면서 그 아래를 지나니 계산마을과 영동마을
표석이 연거푸 나온다. 걷고 있는 도로 좌우측은 벼가 누렇게 익어가
고 있는 논이고 멀리 앞쪽으로 4거리 교차로가 보인다. 계라교차로다.
저 교차로에서 강진 서부로를 따라 우측으로 진행하면 지금 내가 가
고자 하는 강진읍으로 갈 수 있고, 좌측으로 가면 내 고향 진도로 갈
수 있다. 그리고 보니 두 방향 모두 가고 싶은 길이다. 계라교차로 조
금 못 미쳐 우측에 아담한 버스 정류장이 있다. 교차로까지 가지 않고
이곳에서 우측 샛길로 진행한다. 시간을 절약하기 위해서다. 잠시 후
에 강진 서부로를 만나게 된다. 이제부터는 신도로와 구도로를 택할
수가 있다. 자연스럽게 구도로를 택한다. 국도 갓길이 위험하기도 하지
만 구도로를 걸으면서 하나의 마을 표석이라도 더 보기 위해서다. 내
생각이지만 구도로는 마을과 마을을 잇는 역할에 중점을 두고 개설되
었을 것이다. 그 옛날 교통이 아주 불편하던 시절에는 우선 인근 마을

과 마을이 연결되고, 사람과 사람이 만날 수 있어야 하는 것이 시급했을 것이다. 예측은 들어맞았다. 걷고 있는 도로는 꼬부랑꼬부랑 마을과 마을을 찾아가고 있다. 주변은 전형적인 농촌 풍경이 계속 이어진다. 논밭이 그렇고, 마을 어귀가 그렇고, 농촌의 주택들이 그렇다. 덕서리, 학림마을, 호산마을이 연속적으로 나타나고 큰 건물이 운집한 곳이 보이기 시작하더니 잠시 후에 강진읍에 이른다. 일부러 시내로 들어간다. 뱃속이 난리다. 아침식사부터 해야 할 것 같다. 그러고 보니 아침에 출발한 이후 지금까지 아무것도 입에 넣지 않았다. 버스터미널 맞은편에 있는 골목에서 해물된장찌개 간판을 발견한다. 찾고자 했던 음식점이다. 강진만의 바지락이 생각났고 해물 음식을 꼭 먹고 싶었다. 식사 도중에 주인아주머니가 묻는다.

"어째서 혼자 댕기요?"

사실을 설명해줘도 미심쩍은 듯 또 묻는다.

"그라먼 돈은 누가 버요?"

역시 실제대로 설명했지만 그래도 궁금증이 남는 모양이다.

"집에서 가라고 허락은 했소?"

난감한 질문이지만 나름대로 준비가 되었기에 성의껏 설명을 해드렸다. 이해를 했을지는 모르겠다. 내 설명 끝에 주인아주머니는 한 마디를 또 덧붙인다. 혼자 벌어서는 살 수가 없어서 자기는 식당을 하고 남편은 농사를 짓는다고 한다. 말씀을 마치더니 내가 요청하지도 않았는데 뜨거운 해물찌개를 다시 또 떠다 주신다.

아침식사를 마치고 일부러 강진군청을 찾아간다. 정보도 얻고 강진군 관광지도를 얻기 위해서다. 또 빨래거리가 있어서다. 군청 로비에서는 휠체어를 탄 남자 장애인이 안내도우미 역할을 하고 있다. 팸플

릿과 관광지도 정도만 얻어갈 생각이었는데 친절하고 자세한 설명에 내가 오히려 미안할 정도다. 나를 민원인 좌석에 앉게 하더니 관광지도를 한 장 주고서 설명을 시작한다. 휠체어와 자리에 앉은 내 눈높이가 딱 맞아 다행이다. 강진군은 1읍 10개면으로 행정구역을 갖췄다는 것에서부터 시작해서 자랑거리가 될 만한 것은 모두 꺼낸다. 지형상 남쪽은 강진만에 접해 있어서 꼬막·바지락·낙지·매생이 등 질 좋은 수산물이 풍부하고, 특히 칠량면의 바지락 양식은 전국적으로 유명해서 주산지인 봉황리에서는 하루에 약 2톤 정도를 채취한다고 한다. 또 강진읍 남성리의 탑동에는 시인 김영랑의 생가가 있고 공원에는 「모란이 피기까지」의 시비가 있다는 것, 또 해마다 9월에는 문화체육관광부가 9년 연속 최우수축제로 선정한 강진청자축제가 이곳에서 열린다는 것들을 설명한다. 미처 내 눈이 설명을 따라가지 못하면 직접 손으로 지도를 짚어주기까지 한다. 설명은 계속된다. 또 강진은 황사영 백서사건으로 유배되고 조선 시대 후기 실학을 집대성한 대학자 정약용 선생이 유배생활을 했던 곳이며, 이분이 방대한 저술활동을 한 다산초당이 도암면 만덕리 귤동 만덕산 기슭에 자리 잡고 있다는 것, 또 하멜 기념관이 있다는 것을 자랑스럽게 늘어놓는다. 그런데 많은 사람들이 왜 하멜기념관이 강진에 있는지 의아해할 것이다. 그럴만한 이유가 있다. 하멜은 한때 강진으로 유배되어 7년간 전라병영성(全羅兵營城)에 소속되어 있었다. 마지막으로 '2017년은 강진 방문의 해'라는 것을 강조하면서 시간이 있으면 지금 바로 이런 곳들을 둘러볼 것을 힘주어 권장한다.

설명을 마친 안내도우미는 휠체어를 타고 문밖까지 배웅하는 성의를 잊지 않는다. 간단한 자료를 얻으려던 당초의 목적을 벗어나서 무거운 짐을 넘겨받은 느낌이다. 문을 나서면서 바로 사무실과 연결되어 있는 군청 화장실에 들른다. 약간의 밀린 빨래를 하기 위해서다. 빨래를 하는 동안 화장실에 드나드는 군청 직원들의 눈치를 살피게 된다. 죄송스러운 일이지만 어쩔 수 없다.

군청에서 안내받은 도로를 따라 성전을 향해 출발한다. 다산사거리 직전에서 약국에 들러 베이비 파우더 1통을 구입한다. 더위 때문에 생길 수 있는 땀띠 예방을 위해서다. 좌측의 강진 호수공원을 지나 홍암교차로에 이른다. 이제부터는 길 때문에 고민할 필요는 없을 것 같다. 성전을 향해 위쪽 방향으로 걷기만 하면 된다. 도로는 길게 쭉 뻗어 있다. 쭉 뻗은 2차선 도로를 따라 진행한다. 도로주행 연습을 하는 차량이 지나가기도 한다. 다시 화전교차로에 이른다. 좌측에 화전마을 표석이 있다. 갑자기 도로변에 주차된 여러 대의 차량이 나타난다. 나를 기분 좋게 만드는 차량들이다. 먹고 놀기 위해 골프장이나 음식점 앞에 주차된 차량들이 아니고, 이곳 농장에 일하러 온 농부들의 차량이기 때문이다. 이런 광경을 백두대간 종주를 위해 시골길을 오고가면서 종종 목격하곤 했다. 선진국의 시골 풍경에서만 보았던 이런 광경이 이젠 낯설지가 않다. 우리나라의 시골에서도 어렵지 않게 볼 수 있게 된 것이다. 큰 변화다. 옥치마을의 표석은 도로 아래 풀숲에 다소곳이 서 있다. 뭔가 부끄럼을 타는 것도 같다.

부드럽게 양 볼을 스치는 가을바람. 9월의 햇볕과 함께 어우러지는 조금은 따사로운 바람은 말 그대로 가을향이다. 가을향을 온몸에 적시며 늦더위에 늘어진 포장도로를 걷는다. 신예교차로를 지나고 랑동마을 표지석을 확인하니 성전 아랫삼거리에 이른다. 벌써 오후 1시를 넘고 있다. 길옆에 있는 가게에 들러 성전까지 남은 거리를 물었다. 파리채를 들고 뭔가 내리치려던 주인 할머니는 바로 고개를 돌리면서 "다 왔으니 가던 길로 쭈욱 올라가쇼." 하신다. 듣던 중 반가운 소리다.

성전에 이르자 맨 먼저 눈에 띄는 건물이 도로 우측에 자리 잡은 성전 농협이다. 바로 농협 사무실로 직행한다. 잠시 더위를 피하기 위해서다. 거대한 배낭 때문인지 내게로 시선이 집중된다. 다행인 것은 점심시간이 이제 막 끝나서인지 민원인은 별로 없고 사무실은 비교적 한가하다. 민원실 한구석에 커피 자판기가 있다. 민원인을 위한 무료 커피다. 기분 좋게 한 잔을 뽑아들고 민원인 행세를 한다. 에어컨 바람 아래에서 오후에 마시는 한 잔의 커피다. 피로가 싹 가시는 듯 마음이 황홀하다. 옆에 있는 민원인을 통해 이곳에서 오늘의 최종 목적지인 영암까지는 20킬로미터란 것도 확인한다.

성전 농협에서 30여 분간 휴식을 취한 후에 영암을 향해 출발한다. 성전 버스터미널 방향으로 가다가 삼거리에서 터미널을 좌측에 두고 나는 우측으로 진행한다. 잠시 후에 도로 우측에 있는 성전면사무소를 지나게 된다. 좌측의 대월마을 표지석이 있는 곳을 통과하니 이제 영암이 14킬로미터 남았다고 표지판이 알려준다. 걷고 있는 길은 여전히 13번 일반국도다. 영풍리에 이르니 도로변 정자에서 할머니들이 소일하고 계신다. 그 옆에는 거대한 보호수 한 그루가 있다. 할머니들에게 방해가 될까 봐 정자에 앉지 않고 보호수 그늘 아래에 앉아 잠시 휴식을 취한다.

국토종단을 출발하면서 마음먹었던 게 있다. 하루에 한 사람씩 내은인을 떠올려 맘속으로나마 그분을 생각하고 고마움을 표하자는 것이었다. 오늘은 그 두 번째 주인공으로 '박병석'이라는 친구이자 은인을 떠올렸다. 1973년으로 기억된다. 내가 지금은 없어진 서울 동대문

독서실에서 숙식을 하며 공부할 때다. 병석이라는 친구는 당시 배명고등학교 1학년생으로 나보다 2~3년 정도 어린 학생이었다. 주위 도움 없이 혼자서 숙식을 해결하며 어렵게 공부하는 나를 보고서 그 친구는 가끔 자기 집에서 쌀과 반찬을 가져다 놓곤 했다. 가급적 내가 없는 시간대에 그렇게 했다. 그런 순간을 나와 마주치지 않기 위해서였다. 어린 친구였지만 속이 깊은 학생이었다. 나의 독서실 생활이 끝나면서 그 친구와도 헤어졌고, 그 이후 연락을 주고받지 못했다. 많이 아쉽다. 그때의 심성대로라면 그 친구는 분명히 건실한 사회인으로 성장했을 것이다. 이후 한동안 TV 방송에서 진행되던 옛 친구나 은인을 찾는 프로그램을 볼 때마다 그 친구를 떠올리곤 했다. 그리고 지금 다시 만나게 된다면 이렇게 말할 것 같다. "친구야, 고맙다. 넌 나의 은인이자 스승이었다."라고. 벌써 45년 전의 일이다.

정자를 떠날 때쯤 할머니들에게 인사를 하니 할머니 한 분이 가면서 먹으라며 사탕을 한 움큼 쥐어 준다. 깨물어도 깨지지 않는 '백다마'다. 오랜 시간을 빨아먹을 수 있는 사탕으로 어렸을 적에 많이 먹던 추억의 사탕이다.

정자를 출발하여 신풍삼거리를 지나니 풀치터널이 가까워져 온다. 풀치터널은 영암군 학산면 학계리와 강진군 성전면 월평리를 연결하는 터널이다(길이 420미터). 국토종단 중에 몇 개의 터널을 통과해야 한다는 사전 정보를 갖고 있다. 그리고 터널을 통과할 각오도 되어 있다. 이 풀치터널은 국토종단을 출발한 이후에 처음으로 맞는 터널이다. 왠지 터널 안으로 들어가기가 싫다. 통행하는 차량도 많고 좌측에 우회할 수 있는 산길이 있어서인지도 모르겠다. 우회하기로 한다. 좌측의 산길은 풀치터널이 뚫리기 전에 주요 교통로이자 옛길인 불티재다. 잿등을 넘게 되는 옛길은 폭이 넓은 산길이다. 한적한 분위기. 이젠 사람도 자동차도 볼 수가 없게 됐다. 그래도 도로로서는 명맥을 유지하고 있는 듯 비교적 잘 관리되고 있다. 시간이 충분하다면 여유를 갖고 걸어볼, 의미 있는 걸음이 될 수도 있겠다. 하지만, 오늘은 아니다. 해가 지기 전에 영암까지 가야 하기 때문이다. 길은 완만한 오르막길. 속도를 낸다. 가쁜 숨을 몰아쉬며 내달린다. 어느덧 고갯마루에 이른다. 배낭을 내려놓고 잠시 숨을 고른다. 다시 출발한다. 역시 완만한 내리막길이 계속된다. 한참을 내려가니 교통 안내 표지판이 나온다. 직진 방향은 진입 금지,

풀치터널 좌측에 있는 산길 내리막

영암은 300미터쯤 가다가 우측으로 가라고 알린다. 안내판이 알리는 대로 우측으로 내려간다. 한참을 걸은 후에 13번 일반국도를 다시 만난다. 그 사이 풀치터널이 끝이 난 것이다. 일반국도에 오르지 않고 지하통로를 이용해 반대편 도로로 이동한다. 일반국도 우측에 좁은 도로가 이어지고 있다. 일반국도는 차량이 많고 갓길이 너무 좁아 아주 위험해서다. 잠시 후에 반송마을 표석이 나오고 '반송정'이라는 버스 정류장이 나온다. 정류장은 폐기되었는지 허름하고 의자에는 먼지가 수북하다. 우측에 보이는 마을은 반송마을이다. 반송마을 앞은 벼가 익어가고 있는 들녘이고, 좌측 11시 방향으로는 영암 월출산의 암릉이 그 위용을 드러내고 있다. 반대편 도로는 좁지만, 일반국도와 나란히 가고 있다. 이 도로도 언젠가는 끝이 나고 나는 다시 일반국도에 오르게 될 것이다.

다시 일반국도에 오른다. 도로를 쌩쌩 달리는 화물차의 위협이 간담을 서늘케 한다. 청풍원 휴게소를 지나면서부터는 좌측의 월출산 암릉과 우측 들판의 풍요로운 모습을 감상하면서 걷게 된다. 좌우의 풍경이 시시각각 교차한다. 가도 가도 똑같은 길이 조금은 지루할 법도 하지만 전혀 그렇지 않다. 잠시 후 조금씩 고층 건물이 눈에 잡히기 시작하더니 영암읍시내가 한눈에 들어온다. 드디어 영암읍 남풍리에 이르러 저물어가는 해를 맞게 된다. 오후 5시가 넘어버렸다.

영암은 언젠가 꼭 한 번은 들러보고 싶은 곳이었다. 어렸을 적의 추억 때문이다. 지금처럼 도로 사정이 좋지 않던 나의 어린 시절에는 진도에서 광주를 갈 때는 반드시 영암 버스터미널을 경유해야만 했다. 그때마다 월출산의 암릉이라든가 버스터미널 근처의 상가들이 그렇게 신기할 수가 없었다. 영암군은 전라남도 중서부에 위치한 군이다.

전라남도 대부분의 군 지역이 그렇듯이 농업을 주업으로 하고 있어 당연히 군 재정도 그리 풍족하지 않을 것이다. 영암에도 영암만이 내놓을 수 있는 는 특산물이 있다. 국내 총생산량의 90% 이상을 차지하고 있는 무화과와 갈낙탕이다. 갈낙탕은 이름 그대로 갈비탕에 낙지를 더한 탕인데, 영암군 독천 낙지거리는 제철이 되면 미식가들이 몰려들어 한동안 붐비는 곳이다. 이런 특산물 외에도 영암에는 특이한 인물들이 배출된 곳이기도 하다. 도선과 왕인 박사가 그들이다. 영암 출생인 도선(827~898)은 15세에 승려가 되어 신승으로 추앙받은 통일 신라 시대의 승려이고, 역시 영암에서 태어난 왕인 박사는 백제의 선진 문화를 일본에 전파시켜 일본의 고대 문화 형성에 결정적인 공헌을 한 백제 때의 훌륭한 학자다.

시시각각 빠르게 날이 저무는 것을 느낄 수가 있다. 오늘은 이곳 영암에서 국토종단 이틀째의 걸음을 마치게 된다. 이제 오늘 저녁을 묵을 찜질방을 찾아가야 한다. 찜질방은 영암시내에 있다. 13번 일반국도를 벗어나 영암시내로 향한다. 초행자에게는 시내에 진입하는 것조차 쉽지가 않다. 가게 앞 삼거리를 지나다가 자동차를 세워놓고 대화중인 청년들에게 길을 물었다. 청년들은 영암시내에는 찜질방이 없다면서 찜질방 주소를 갖고 있으면 보여 달라고 한다. 인터넷에서 수집한 주소를 알려주니 스마트 폰으로 신속하게 검색을 끝내더니 청년들은 놀라운 사실을 말해 준다. 이 찜질방은 주소는 시내로 되어 있지만 월출산 중턱에 있다는 것이다. 시내에서는 한참 떨어져 있어서 걸어서 갈 수 있는 정도가 아니라고 한다. 내가 당황해 하는 모습을 보고 청년 중 한 명이 제안한다. 자기가 그 찜질방을 알고 있으니 자기 자동차로 데려다 주겠다고. 이렇게 고마울 수가!

청년의 호의로 월출산 중턱까지 자동차로 쉽게 오른다. '월출관광농원 옥찜질방'. 그런데 찜질방 현장을 보고서 또 한 번 놀라게 된다. 외형이나 주변 환경으로 봐서는 도저히 찜질방 같지가 않다. 과거 경기가 좋아서 모두가 여유 있을 때는 정상적으로 운영이 됐을 것 같은데 지금은 폐허나 다름없다. 주인도 부재중이다. 주인은 고객이 전화로 연락을 하면 온다는 것이다. 도깨비에 홀린 기분. 일단 주인에게 전화를 해본다. 전화를 받은 할머니는 영업을 하니 안으로 들어가 기다리라고 한다. 아무도 없고 산속 폐가나 다름없는 낡은 건물에 들어가 있을 수는 없다. 앞에 있는 식당 주인에게 사실을 확인해 보니, 자기도 영업을 하는지 안 하는지 모르겠다는 것이다. 찜질방 주인은 날마다 집을 비우고 저녁이 되어서야 돌아온다는 것이다.

30분쯤을 기다리니 돌아오시는 두 분의 할머니. 영업을 하니 어서 들어가자고 재촉한다. 찜질방 실내는 그럴듯하게 꾸며져 있다. 널찍한 내실이 있고 한쪽에 샤워실이 있다. 이제 감이 잡힌다. 할머니가 설명하신다. 요즘은 손님이 없다고 한다. 그래도 시설을 놀릴 수는 없어서 단 한 명이라도 찾아오는 사람이 있으면 손님을 받는다고 한다. 할머니는 건강이 좋지 않아 요양차 이곳에 있으면서 시설운영을 겸하는데, 시설은 손님이 없어 찜질은 불가하고 따뜻한 물로 샤워만 하고 잠만 잘 수 있다는 것이다. 그래도 요금은 다른 곳보다 비싼 1만 원을 받는다. 찜질방이라기보다는 숙박업소 같다는 생각이 든다. 오늘 밤을 이곳에서 보내기로 하고, 먼저 옆에 있는 식당으로 옮겨 7천 원짜리 청국장으로 저녁식사를 마친다. 다시 찜질방으로 되돌아오니 두 분의 할머니는 희미한 전등불 아래에서 낮에 산에서 뜯어온 산나물을 다듬고 계신다. 나는 대충 샤워만 마치고 바로 잠자리에 든다.

정말이지 귀신에 홀린 기분이다. 영암시내에서 만나 나를 이곳까지 데려다준 청년이 생각난다. 이 청년은 나주가 집인데 영암에 있는 친구를 만나러 왔다가 돌아가려던 참에 나를 만나 이곳까지 데려다주었다. 낯선 곳에서 만난 초면의 청년. 어찌 보면 그 청년은 과도한 호의를 베풀고 나는 그걸 염치 불고하고 받았다. 내 사정이 급해서 그랬을 것이다. 길에서 한 분의 스승을 만난 것이다. 나를 찜질방까지 데려다주고 다시 나주로 돌아간 청년은 가면서 무슨 생각을 했을까? 강진군청에서 만났던 장애인 안내 도우미도 생각난다. 불편한 몸을 이끌고서도 얼마나 친절하던지, 혼자서 강진의 관광을 전부 책임진 강진의 주인이라도 된 듯 얼마나 열성적이던지, 세세한 향토 지식은 또 얼마나 해박하던지. 비장애인보다도 더 적극적으로 강진을 소개하여 나를 감동시켰다.

찜질방 전체를 나 혼자서 독차지한 영암에서의 밤. 이런 사례가 또 있을까? 영암에서의 기괴한 밤이 이렇게 흐른다. 월출산의 찬 기운은 이미 산 아래 마을까지 내려와 산자락을 뒤덮었다. 나주를 거쳐 광주를 향할 내일의 발걸음을 그려보며 잠을 청한다.

🥾 오늘 걸은 길

강진군 신전면 봉양리 → 도암면 월하마을 → 석문공원 → 덕서리 → 강진읍 → 다산사거리 → 흥암교차로 → 성전 → 영풍리 → 신풍삼거리 → 풀치터널 → 영암(44Km, 11시간)

9월 13일 수요일, 맑다

3

셋 째 걸 음

영암읍에서
광주시 광산구 송정동까지

덕진면 기사식당에서 부부싸움을 시켜놓고,

나주, 영산포를 거쳐

문화 수도 광주에 들어서다

이동경로

영암→신북문화마을→ 오장성휴게소→영산포→ 나주→동신대 → 석현삼거리 →노안삼거리→ 광주시 광산구 용봉동→ 송정동(송정공원역 근처 황금스파밸리찜질방 이용)

새벽 4시에 기상. 특이한 찜질방이라 실내가 몹시 차다. 밖으로 나와 말이 없는 월출산을 올려다본다. 낮이라면 웅장한 위용을 자랑하고 있을 암봉이 간신히 실루엣만 드러낸다. 빛나야 할 낮 동안을 위한 휴식이리라. 하지만 까만 윤곽조차도 위엄과 무게가 있어 보인다. 시선을 차례로 산 아래로 이동시켜 본다. 암봉 아래로는 평범한 산일 수도 있으나 역시 같은 까만색이다. 이곳에도 같은 무게를 인정해야 하나? 간사한 인간의 심리에 머쓱하다. 미동도 없이 그대로 있는 산에게 조금은 미안해진다.

새벽에 바라본 월출산 암봉

다시 찜질방 안으로 들어간다. 꼭 필요한 전등만 켠다. 아직 자고 있을 주인 할머니에게 방해가 되지 않기 위해서다. 최소한의 밝기 속에서 주섬주섬 배낭을 챙긴다. 찜질방 주인께 떠난다는 별도의 인사는 필요 없다. 어제 잠들기 전에 미리 마쳤다. 이런 순간과 같은 거추장스러움을 피하기 위해서였다.

6시가 가까워져서 찜질방을 나선다. 밖은 그새 좀 더 밝아졌다. 식당 건물을 거쳐 앞마당을 지날 때다. 어제는 나를 보고 산이 떠나갈 듯 짖어대던 개가 꼬리를 살랑살랑 흔들며 내게 다가선다. 고마운 녀석. 어제 한 번 잠깐 본 것도 인연이라고 아는 체를 하는 거다. 그 이상인 것 같다. 산속의 식당과 반쪽짜리 찜질방이 손님인 나에게 부족하게 대했던 것을 대신 미안해하는 것 같다. 식당 주인과 찜질방 주인을 대신해서 나에게 이해해 달라고 하는 것만 같다. 충견이라고 해야 할까 명견이라고 해야 할까? 이제부터 생각 없이 내치던 '개만도 못한 놈'이란 소리는 해서는 안 될 것 같다. 찜질방 주인에게도 하지 않은 '잘 있으시오'라는 작별 인사를 개와 나누고 산속 찜질방을 내려선다.

월출산에 내려앉은 차가운 기운을 들이마시며 산골을 빠져나온다. 산길 옆의 농가 주택들을 지나고 논길을 걸어 바로 13번 일반국도로 향한다. 경지정리가 잘된 직선으로 된 농로다. 잠시 후에 일반국도 앞에 직면한다(06:53). 이곳 일반국도는 어제 이미 지나온 지점이다. 어제 최종적으로 도달한 지점으로부터 약 2킬로미터 정도가 뒤로 밀려난 곳이다. 그만큼 같은 길을 다시 걷게 된다. 손해 본 듯한 느낌이다.

13번 일반국도 지하통로를 통과해서 반대편 구도로로 간다. 이제부터는 좌측에 일반국도를 두고 구도로를 따라 걷는다. 13번 일반국도와 구도로는 1.5미터 정도의 높이 차가 있다. 걷고 있는 구도로의 우측은 누렇게 익어가는 벼가 펼쳐진 논이다. 일반국도를 따르지 않고 구도로를 걷는 이유가 있다. 일반국도는 갓길이 거의 없다시피 하고 너무 위험해서다. 특히 성전에서 이곳 영암까지는 국도를 따라 걷기에는 상당한 주의가 필요한 곳이다. 갓길이 좁아 위험하기도 하지만, 달리는 트럭이 내게로 달려드는 것도 같고 트럭에서 화물이 굴러떨어질 것만 같은 공포가 순간순간 엄습한다.

이번에는 13번 일반국도 좌측으로 이동한다. 역시 지하통로를 통해서다. 영암시내를 거쳐 나주 방향을 알리는 도로를 따라 진행한다. 잠시 도로 좌측에 영암 버스터미널이 보이기도 한다. 다시 13번 일반국도 위에 선다. 국도 이 지점에서부터는 보행자를 위한 안전장치가 마련되어 있다. '주민보호공간'이라고 표시된 비교적 넓은 갓길이 마련되어 있다. 이런 갓길만 있다면 얼마든지 안심하고 국도를 따라 걸을 수가 있겠다. 영암천을 통과하고 덕진면에 이른다.

영암시내

도로 우측에 위치한 덕진면 버스정류소 뒤에 기사식당이 보인다. 이곳에서 아침식사를 하기로 한다. 그런데 이곳 식당에서 뜻하지 않게 한바탕 소동이 벌어진다. 나 때문이다. 버스 매표소를 겸하고 있는 식당 주인 부부에게 내가 싸움을 붙인 셈이다. 식사 중에 이런저런 이야기를 하다가 노인 기초수당 문제까지 발전되었다. 70세가 넘은 이집 주인어른은 기초 수당을 받지 못하고 있다. 그 이유가 버스표 매표소가 어른 명의로 되어 있기 때문이라고 한다. 부부의 대화에 내가 거들었던 것이 화근이었다. 내막도 잘 모르는 내가 조언이랍시고 "그러면 매표소 소유권을 할머니 명의로 하면 되잖아요."라고 했던 것이 화근이었다. 그전부터 부부 사이에 매표소 소유권 명의 때문에 다툼이 있었던 모양이다. 명의 이전을 강하게 요구하는 부인의 간청을 번번이 거절했던 것이다. 그런데 그런 사정을 모르는 내가 기초수당을 받을 수 있는 해법이랍시고 그걸 꺼내들었으니….

식당 부부의 씁쓸한 인사를 받으며 식당 문을 나선다. 계속해서 13번 일반국도를 따라 걷는다. 이젠 갓길이 충분해서 걸을 만하다. 이번에는 남성동 버스정류소에 이른다. 정류소에는 일군의 할머니들이 앉아 계신다. 5~6명의 할머니들이 머리에는 하나같이 챙이 넓은 모자를 쓰고 있다. 손에 낫을 든 작업복 차림이다. 궁금해서 물었다.

"지금 무슨 일 하시는 건가요."

"공공근로. 돈벌이하는 거여."

공공근로에 나선 할머니들이 잠시 더위를 피하기 위해 정류소에 앉아 계신다. 그중 한 분에게 지금 하시는 일에 대해서 물으니 자세히 설명해 주신다. 이런 공공근로는 65세 이상의 노인이 대상이라고 한다. 도로변의 풀을 베는 일을 하시는데, 아침 9시부터 오전 11시 30분까지 일을 해서 하루에 2만 원을 받고, 한 달에 20일을 일하신다고 한다. 나이 드신 할머니들이 대부분이라 작업이 힘에 부칠 것 같은데도 이분들은 오히려 나를 더 염려하신다. "이 더위에 어떻게 그 먼 데까지 걸어가느냐?" 하시는 것이다. 이분들의 말씀을 들으니 몸 둘 바를 모르겠다. 듣는 순간 이분들의 눈에 비칠 나의 모습에 대한 염려가 스친다. 남이 땀 흘릴 때 배낭 메고 전국 유람…. 이런 염려 말이다. 더구나 이분들은 나보다 나이가 더 많은 분들이라서 그렇다. 수고하시라는 인사를 드리고 서둘러 자리를 뜬다.

13번 도로 주변에는 농기계수리소가 자주 보인다. 사이사이에 한두 개 정도의 기업체 건물이나 공장이 있을 법도 하지만 가도 가도 그런

비슷한 것조차도 구경할 수가 없다. 아쉽다. 이런 게 발전의 척도인데
….

구시렁거리며 걷는 사이에 걸음은 신북면에 진입한다. 주변은 신북
농공단지. 면 경계 표지판이 보이더니 바로 커다란 신북문화마을 표
석이 또 나온다. 날씨가 뜨거울 정도다. 오장성 휴게소를 지나고 도로
우측에 있는 원금수마을을 지나간다. 군계정류소마저 지나니 이번에
는 영산포에 이른다. 이제 나주 땅에 들어선 것이다.

신북면 행정표지판

영산포는 지금은 사라져버린 옛 항구다. 영산강하굿둑이 건설되기 전까지만 해도 배가 드나들었다고 한다. 그러나 지금은 그런 항구시설들이 다 사라져버렸고 그 옛날에 형성되었던 시가지 모습과 일본식 가옥, 상가 등만이 옛 모습을 간직하고 있을 뿐이다. 하지만 그런 시설들조차도 새로운 건물들로 속속 대체되고 있다고 하니 뭔가 모를 아쉬움이 남는다. 영산포는 내가 10대 시절 진도에서 광주를 오갈 때 버스를 타고 자주 통과하던 곳이다. 그때나 지금이나 큰 변화를 모르겠다. 중심지를 벗어나면 바로 영산대교에 이르는 것도 그때와 똑같다. 약간의 변화가 있다고는 하지만 주변의 일본식 주택까지도 그대로다. 영산대교 아래로 이어지는 강변부지는 널따란 풀숲으로 덮였었는데 지금은 많이 다듬어진 것이 변화라면 변화다. 정부의 4대강 살리기 사업의 영향이 클 것이다. 영산대교 아래를 흐르는 영산강, 수많은 이야기를 품고 있는 영산강의 아기자기함은 사라지고 이제는 그 흔적과 이야기로만 전해질 것 같아 많은 아쉬움이 남는다.

영산대교를 벗어나니 그 옛날에는 볼 수 없었던 도로들이 이곳저곳에 아주 많이 뻗어 있다. 그동안 수많은 도로가 신설된 것이다. 어지러울 정도다. '발전은 있었구나'라는 생각이 절로 든다. 언제 영산포에 들어섰는가 싶은데 발길은 벌써 나주읍 지역을 걷고 있다.

나주시는 1읍 12면 7동으로 이루어진 전형적인 농업 지역으로 전라남도 중서부 전남평야의 중앙에 위치하고 있다. 예로부터 벼농사의 중심지였고 과수농업과 원예농업도 활발했다. 하지만 인접한 광주가 전국적인 대도시로 성장한 것과는 대조적으로 침체되기도 했다. 그러다가 최근에 다시 활기를 띠고 있다. 정부의 지방 균형발전 정책의 수혜를 입은 것이다. 한국전력 등 공기업들이 이 지역으로 이전하였고, 새로운 혁신도시로의 발전이 기대되고 있다. 나주에는 어느 지역도 따라올 수 없는 독보적인 지역 특산품이 있다. 나주배와 나주곰탕이다. 나주배는 대한민국 국민이라면 모르는 이가 없을 것이다. 별도의 설명이 필요 없을 정도다. 나주배의 역사는 우리나라 배 재배 역사와 함께한다. 예로부터 임금님께 진상되었을 정도로 우수성을 인정받은 배다. 나주의 또 다른 지역 특산품인 나주곰탕은 사골육수에 결대로 찢은 사태와 양지머리, 다진 파를 얹은 탕이다. 약 20년 전에 나주의 5일장에서 상인과 서민들을 위한 국밥 요리가 등장하였는데, 이것이 오늘날의 나주곰탕으로 이어진 것이다. 이외에도 나주에는 영산강에서 어획된 물고기로 만든 어팔진미(魚八珍味: 조금물 또랑참게, 몽탄강 숭어, 영산강 뱅어, 구진포 웅어, 황룡강 잉어와 자라, 수문리 장어, 복바위 복어)와 채소로 만든 소팔진미(蔬八珍味: 동문안 미나리, 신월 마늘, 홍룡동 두부, 사마교 녹두묵, 전왕면 생강, 솔개 참기름, 보광골 열무, 보리마당 겨우살이)가 있다. 나주에서도 전국적인 인물이 배출되었다. 고려 제2대 임금이었던 혜종이 나주시 홍룡동에서 태어났고, 조선조에 영의정에 오른 신숙주는 1417년 나주시 노안면 금안리에서 출생하였다. 또 조선의 천재문학가였던 임제는 1549년 나주시 다시면에서 태어났고, 의병장이었던 김천일은 1537년 나주시 홍룡동에서 태어났다.

　나주의 발전상을 눈으로 직접 확인하고, 또 그 유명하다는 나주곰탕을 맛보고 싶어 시내 중심가로 들어선다. 하지만 시내에서는 별 변화를 느낄 수 없다. 다만 시내에서 먼 곳에 희미하게 드러나는 일군의 고층건물들이 눈길을 끈다. 정부 방침에 의해 새로 들어선 나주혁신도시 건물들이다. 이것마저 없었더라면 나주에서는 큰 변화를, 발전상을 못 느꼈을 텐데 그나마 다행이다. 정부의 역할이 바로 이런 것이리라. 지방균형발전 말이다. 나주시내에 들어선 이유는 점심식사 때문이기도 하다. 진작부터 벼르던 나주곰탕을 본고장에서 제대로 맛보고 싶었다. '나주곰탕'이란 간판을 건 비교적 큰 식당으로 들어섰다. 결과는 큰 실망. 고기가 너무 질기고 기대했던 맛도 아니다. 그러면서 가격은 마치 바가지라도 씌운 듯 내용물에 비해 비싸기만 하다. 이런 내 표정을 읽기라도 했는지 옆자리 할머니 손님이 위로인지 핀잔인지 모를 한마디를 하신다.

"뭣 땜시 이렇게 고생허고 댕기요. 더운디."

"아닙니다. 괜찮습니다."

"이러고 혼자 댕겨도 애기 엄매는 암말도 안 허요?"

"…"

기대가 너무 컸던 탓일까? 나주에서 큰 실망을 하고 바로 다음 목적지인 광주로 발길을 돌린다(13:15). 발길은 광주를 향하면서도 머릿속은 조금 전의 아쉬웠던 나주곰탕 생각으로 꽉 차 있다. 그런데 이런 잡생각에 빠져 걷다가 길을 잘못 들었다. 동신대를 지나 송정리로 직행해야 하는데, 나주대교를 지나버린 것이다. 나주대교를 지나 1번 국도를 따라 전남교육과학원이 있는 곳까지 갔다가 되돌아와야만 했다. 물론 이 길도 광주를 가는 길이긴 하다. 하지만 국토종단을 위한 지름길은 아니다. 원래 계획했던 이번 국토종단길은 광주의 서부 방향인 동신대를 지나 송정리로 향하는 것이다.

전남교육과학원이 있는 곳에서 다시 나주대교를 넘어 되돌아와서 나주공고를 거쳐 동신대를 지난다. 비로소 국토종단의 직진 길인 광주 송정리로 향하게 된다. 동신대를 지나고서부터는 주변의 변화가 뚜렷하다. 한층 시골스러워지는 것이다. 이젠 차량도 뜸하고 상가도 거의 보이지 않는다. 주변은 온통 들녘이다. 날은 여전히 덥다. 우측 멀리로는 나주혁신도시 건물들이 아련하게 나타난다. 조금 전 나주 시내에서 봤던 그 건물들이다.

오후 네 시가 다 될 무렵 석현삼거리에 이른다. 걷고 있는 도로는 여전히 13번 일반국도다. 노안면에 진입하고 동곡석재를 지난다. 도로 우측에는 승천보 선착장을 알리는 표지판이 세워져 있다. 승천보는 4대강 사업으로 완성된 광주시와 나주시에 걸쳐있는 저수시설이다. 승천보는 보 본연의 역할 외에 광주와 나주시 시민들의 좋은 쉼터이자 운동시설로도 꽤 유용하게 역할을 하고 있다. 도로변에는 우리농산물 판매장이 자주 나온다. 배 집하장이 여러 번 나오고 과수원도 자주 목격된다. 앞을 향해 걸어도 걸어도 비슷한 시설만 보인다. 유사한 풍경들이 계속 이어진다. 유사한 풍경이 계속되지만, 전혀 싫지가 않다. 오히려 새로운 기대를 하게 된다. '이곳을 지나면 또 어떤 것이 등장할까?' 하는 호기심이 섞인 기대 말이다.

노안삼거리

노안삼거리를 지나고 이어서 도로 우측에 노안 문화마을이 있음을 확인한다. 오후 다섯 시가 가까워질 무렵에 도로 우측에 있는 광주시 광산구 용봉동에 진입한다. 드디어 이번 국토종단 길에 들르게 되는 여러 도시 중 가장 큰 도시인 광주광역시에 들어선 것이다.

광주시 광산구 용봉동 마을 표석

용봉동을 지나니 얼마 가지 않아서 본덕교차로에 이르고, 이곳에서 직진하니 도로 좌측에 동곡파출소가 나온다. 이어서 하산교를 지나 계속해서 동곡로를 따른다. 한참을 가다가 평동산단입구 사거리에서 우측으로 진행한다. 잠시 후에 송정교를 건넌다. 송정교 아래는 황룡 강이 흐르고 있다. 황룡강은 장성에서 시작해서 이곳 광산구를 거쳐 나주로 흘러내린다. 송정교를 지나니 사거리에 이른다. 이곳 사거리에서 좌측으로 진행한다. 하루가 저물어 가는 시간이다. 송정리에 떨어지는 햇살이 금싸라기처럼 아름답게 빛난다.

광주광역시는 5개 자치구에 총인구 147만 명을 가진 대도시로 5·18광주민주화운동을 통해 세계적인 민주·인권·평화도시로 발돋움하였다. 광주는 이런 명성이 당연하기라도 하듯이 이에 어울리는 역사적인 인물이 출생하기도 했다. 임진왜란 때 의병장이었던 고경명(1533~1592)과 김덕령(1567~1596)이 이곳 광주 출신이다. 광주의 특산품으로는 무등산수박과 춘설차 그리고 진다리붓이 있다. 무등산수박은 일명 푸랭이 수박이라고도 부르는데 옛날에 임금에게 진상되었을 정도다. 춘설차는 전국적으로 많이 알려져 있지는 않지만 호남의 전통차로 명성을 날리고 있고, 진다리붓은 기름기가 오른 가을과 겨울에 취한 족제비 꼬리털로 만든 붓이다.

오늘 저녁은 광주에서 머물기로 계획되어 있다. 해가 지기 전에 찜질방이 있는 송정동에 도착하려면 서둘러야 한다. 광주 지하철 도산역을 지나 송정리역에 이른다. 오늘은 이곳에서 국토종단길을 멈추기로 한다. 송정리역은 아주 오래전에 몇 번 와봤지만, 지하철이 생긴 이후는 처음이다. 주변도 많이 정비된 것 같다. 광주에 많은 발전이 있었는지, 아니면 그동안 내가 무심했는지….

송정리역 근방에 찜질방이 있다고 했는데 찾기가 쉽지 않다. 행인에게 물었다. 송정리역이 아니고 다음 역인 송정공원역 근처에 있다고 한다. 지하철을 타기로 한다. 걸어서 가도 될 거리지만 모처럼 광주의 지하철을 타보고 싶어서다. 송정공원역으로 이동하여 찜질방을 확인하고 나서 주변을 둘러본다. 저녁식사를 할 식당을 찾기 위해서다. 규모는 크지 않지만 군데군데에 식당이 있다. 무얼 먹든 맛있을 것만 같은 식당들이다. 이곳이 광주라는 이유 하나 때문이다.

오늘 하루도 쉼 없이 달려온 것 같다. 영암 기사식당 노부부의 부부싸움이 아직도 마음에 걸린다. 남성동 버스정류소에서 만난 공공근로 중인 할머니들이 내게 하신 말씀은 생각할수록 죄송스럽기만 하다. 마천루처럼 솟아오르고 있는 나주혁신도시 건물들의 모습은 아직도 그 기억이 생생하다. 나주혁신도시가 나주는 물론 전남 남부지역의 발전을 견인했으면 좋겠다. 신발 때문에 발가락 상처가 심각하다. 내일은 꼭 신발을 교체해야 할 것 같다. 이렇게 국토종단 3일째 걸음을 빛고을 광주에서 마치게 된다.

🥾 오늘 걸은 길

영암 덕진면 버스정류소 기사식당 → 신북문화마을 → 오장성휴게소 → 영산포 → 나주 → 동신대 → 석현삼거리 → 노안삼거리 → 광산구 용봉동 → 송정동(43Km, 11시간)

9월 14일 목요일, 맑다

4

넷　째　　걸　음

광주시 광산구 송정동에서
담양읍까지

광주 송정공원역에서 출발,

비아人의 속 깊은 배려를 가슴으로 확인하고

부부식당에서 담양의 참맛을 느끼다

이동경로

광주시 광산구 송정동→ 광산중학교→ 광산 IC→ 비아동→ 광주과학기술원→ 광주과학고→ 북구 고내마을→ 월출교차로→ 담양 신용교차로→ 월본사거리→ 주평사거리→담양읍 남촌교차로(24시대나무랜드찜질방 이용)

모처럼 느긋하게 잠을 잤다. 잠에서 깨고서도 한참을 찜질방에서 머물렀다. 이유가 있다. 두 가지다. 첫째는 오늘 신발을 교체하기로 했는데, 트레킹화 매점이 문을 여는 10시까지는 특별히 할 일이 없어서다. 그동안 러닝화를 신고 걸으면서 많이 불편했다. 벌써부터 물집이 생기고 난리였다. 장거리 걷기에는 러닝화가 불편하다는 걸 실감했다. 그래서 대도시 광주에 도착하면 신발을 교체하기로 한 것이다. 그런데 트레킹화 매장은 10시가 넘어야 문을 연다. 또 다른 이유는 그냥 찜질방이 편해서다. 어쩌면 광주라는 도시 자체가 내게 편안함을 주는 것도 같다. 광주는 지금까지 살아오면서 서울을 제외하고는 내가 가장 많은 날을 머무른 도시다. 오래전 일이지만 한때는 광주에서 6개월 이상을 계속해서 머문 적도 있다. 1984년도다. 취업 준비를 광주에서 했다.

이곳 찜질방은 오래오래 기억에 남을 것 같다. 이용요금이 다른 곳보다 저렴하면서도 찜질방 분위기 좋기 때문이다. 첫날 이용했던 해남과 어제 들렀던 영암의 찜질방 요금이 1만 원이었음에 비해 이곳은 훨씬 저렴한 7천5백 원이다. 더구나 이곳은 감독관청인 광주시로부터 모범업소로 지정까지 받은 곳이다. 시설이 나쁜 것도 아니다. 분위기도 참 편안했다. 더구나 이곳은 대도시이지 않은가. 이런 걸 보면 세상은 참 희한하게 굴러가는 것 같다. 어떤 때는 철저하게 논리가 적용되다가도 어떤 때는 또 어떤 곳에서는 그렇지 않고서도 잘만 굴러간다. 그래서 '세상은 요지경'이라고 했는지는 모르지만.

이것저것 미기적미기적 꾸물거리다가 8시가 넘어서야 찜질방을 나선다. 대로에 들어서니 직장인들이 출근길로 한창이다. '몇 년 전까지만 해도 나도 저런 대열에 있었는데' 하는 생각이 절로 난다.

국토종단 넷째 날이 시작된다. 오늘은 이곳 송정동에서 광산IC, 비아, 담양군 대전면을 거쳐 담양읍까지 걸을 계획이다. 따스한 가을볕을 느낄 수 있는 아침이다. 먼저 등산용품 매장이 있는 이마트를 찾아가야 한다. 다행히도 이마트는 비아로 가는 도로 옆에 있다. 오늘도 가급적이면 대로를 따를 생각이다. 송정공원역에서 사암로로 향한다. 광산구 신촌동을 지나니 도로 우측에 IYF광주문화체육센터가 보인다. 계속 사암로를 걷는다. 당연히 처음 걷는 길이다. 우산사거리에 이르고, 이곳에서도 직진이다. 잠시 후에 광산중학교를 지나 이마트에 도착한다. 이마트는 아직 개장 전이다. 잠시 기다린다. 그런데 문 열기를 기다리는 사람이 나 말고도 또 있다. 아마도 추석 선물을 구입하려는 사람인 것 같다.

문을 열자마자 들어가 바로 트레킹화를 구입한다. 가격도 외양도 괜찮다. 사실은 선택의 여지가 없다. 사이즈를 고를 수 있을 뿐 내가 사고자 하는 트레킹화는 한 종류뿐이다. 새로 구입한 트레킹화를 착용하고 길을 나선다. 괜히 기분이 좋아진다. 발걸음이 훨씬 가벼워진 느낌이다. 어렸을 때 새로 산 운동화를 신고 등교하던 바로 그 기분이다.

길은 계속 직진이다. KEB하나은행을 지나고 호남요양병원도 지난다. 월곡1동주민센터를 지나고 나타난 사거리에서도 직진이다. 우측에는 대단지 아파트단지가 있다. 주공10단지아파트다. 주공9단지아파트를 지나고 흑석사거리에 이른다. 광주에도 아파트가 엄청나게 들어섰다. 아마도 전국의 대도시는 전부 이럴 것이다. 이게 어쩌면 도시화의 상징일지도 모르겠다. 이곳에서도 계속 직진이고, 하남산단에 이르러서도 계속 직진이다. 우측은 수완지구 아파트, 좌측에는 산단 공장들이다. 산단6번로입구교차로에서도 직진이다. 잠시 후에 하남교를 지나고, 산단9번로입구교차로를 지나 광산교차로에 이른다. 비아가 지척이다.

비아동에 이르러 약간 길이 헷갈린다. 누군가에게 길을 물어야 할 것 같다. 근방에 농협이 보인다. 비아농협으로 들어가 길을 물었다. 관리자 정도로 보이는 여성이 황송할 정도로 친절을 베푸신다. 나의 질문에 자세한 설명을 해주고도 모자람을 느꼈는지 직접 담양까지 갈 수 있는 지도를 컴퓨터에서 프린트까지 해주신다. 이렇게 고마울 수가! 옆에 있는 하나로 마트에서 음료수를 구입, 그분께 감사인사를 표하고 길을 나선다.

이제부터는 비아농협에서 얻은 지도를 손에 쥐고서 걷는다. 메모지와 지도를 쥔 왼손이 한결 묵직해진 느낌이다. 이곳에서도 13번 일반국도가 이어진다. 도로 우측의 정암초교를 지나고 광주과학기술원도 지난다. 좌측의 한국에너지공단과 우측의 한국생산성기술연구원도 지난다. 다시 좌측의 광주과학고를 지나고, 사거리에서 엠코코리아를 지나 대치 방향인 좌측으로 진행한다. 이곳이 광주의 첨단지구라 불리는 곳이다. 이 주변에 광주의 대표적인 과학 기관들이 모두 밀집되어 있다. 도로명도 그에 걸맞게 '첨단과기로'로 불린다. 조금 전에 지나온 광주과학기술원도, 과학고도 모두 이곳에 있다. 광주과학기술원은 1993년 정부출연 연구중심 대학원으로 출발하여 첨단과학기술분야 석박사 인력을 양성하는 국가 핵심 교육기관으로 성장하고 있다.

이젠 길 때문에 불안해할 필요가 없어졌다. 손에 쥔 지도를 보면서 그냥 걷기만 하면 된다. 아주 편리하다. 갈수록 지도를 프린트해준 비아농협 직원에 대한 고마움이 깊어만 간다. 광주재활훈련원 앞 삼거리에서 우측으로 가다가 좌측의 북구 고내마을을 지난다(14:14). 이어서 월출교차로에서 좌측으로 진행하니 드디어 담양군에 진입한다.

광주시 북구 고내마을 표석

걷고 있는 도로는 여전히 13번 일반국도 추성로다. 구름 한 점 없이 맑은 가을 하늘에 햇살이 눈부시다. 그 햇살을 온몸으로 맞으며 걷는다. 주변엔 아무도 없다. 가끔 도로를 오가는 자동차들만이 세상이 깨어 있음을 알릴 뿐이다. 지금 이런 순간이 정말 좋다. 행복하다. 다시 신용교차로를 지나고, 교차로에서 200미터 정도를 더 가니 중옥교차로에 이른다.

담양의 상징 대나무가 등장

이곳 교차로에서도 직진으로 진행한다. 담양군 대전면은 이곳에서 우측 방향으로 빠진다고 안내판에 표시되어 있다. 담양군에 들어서면서부터 도롯가에 대나무가 나오기 시작한다. 대나무가 담양을 상징하는 대표적인 수목이니 당연할 것이다. 그런데 자생하고 있는 대나무 같지가 않다. 띄엄띄엄 있는 것이 그렇고 잎과 줄기에서 짙은 녹색이라고는 찾아볼 수 없는 것이 또 그렇다.

담양군은 1읍, 11면으로 구성된 전라남도에서 가장 북쪽에 위치하고 있는 지역이다. 담양 사람들을 만나보면 이구동성으로 죽제품과 메타세쿼이아 길, 죽녹원, 소쇄원 등을 자랑한다. 메타세쿼이아 길은 순창에서 담양으로 이어지는 가로수길이고 죽녹원은 담양읍 향교를 지나면 바로 왼편에 보이는 대숲이다. 소쇄원은 담양군 남면 소쇄원길에 있는 조선 중기의 정원이다.

오후 4시가 넘어서 월본4거리에 이르고, 이곳에서도 직진한다. 도로 우측에 월본리 마을이 자리 잡고 있다. 잠시 배낭을 내려놓고 그늘을 찾아 앉는다. 희미하게 나타나는 마을을 한동안 응시한다. 시골 마을은 어디나 다 비슷할 것이다. 검게 탄 어른들의 얼굴이, 마을 안에 있는 주택들의 구조가, 골목들이, 나무들이, 그리고 그 골목을 휘젓고 다닐 악동들의 모습이 그럴 것이다. 저 포근하게만 보이는 마을 속에서는 지금 이 순간에도 온갖 사연들이 주저리주저리 열리고 있을 것이다. 사랑이 있고 미움이 있고 웃음이 있고 울음이 있고 풍요가 있고 빈곤이 있고 그럴 것이다. 그 옛날 내 고향이 그랬었다. 그 속에 내가 있었다. 그때가 그립다. 고향이 그립다. 실컷 향수에 취하고 싶다.

이젠 담양읍까지는 8킬로미터가 남았다. 시간이 흐를수록 발걸음은 무거워져도 마음만은 개운해진다. 신기한 조화다. 목적지에 다 와 간다는 안도감 때문일 것이다. 하루의 수고가 마무리되고 휴식의 순간이 눈앞에 다가섰다는 긴장 이완 효과일 것이다. 이게 바로 종일 쉬지 않고 걷는 국토종단의 묘미일 것이다. 걷는 동안은 힘이 들지만, 하루해가 저물 때는 언제나 저절로 발걸음이 가벼워지는 그런 현상 말이다.

담양이 4km 남았다고 알리는 교통표지판

사성사거리를 지나고 행성리에서 국도를 벗어나 국도 아랫길을 따라 진행한다. 도로 좌측에 있는 옥산마을을 알리는 표석이 네모진 돌위에 얹혀 있다. 이어서 대전면을 통과하고 수복면에 진입한다. 주평사거리를 지나니 이제 담양읍이 지척이다. 손에 잡힐 듯하다. 이젠 해도 많이 넘어갔다. 담양읍이 4킬로미터 남았다고 알리는 표지판이 나온다. 해가 지기 전에 담양읍에 도착해야 한다. 좀 더 서둘러야겠다.

담양읍에는 오후 7시가 넘어서 도착. 낯이 익은 버스터미널을 중심으로 주변을 둘러본다. 버스터미널 뒤쪽의 상가 밀집 지역을 오르락내리락해본다. 예전 그대로다. 담양읍은 이전에도 몇 번 찾았던 곳이다. 우리나라 대표적인 산줄기 중의 하나인 호남정맥을 종주하면서, 또 최근에는 그 당시 빠트렸던 금성산성 구간을 땜질 산행하기 위해서 들렀었다. 그때마다 이곳 버스터미널을 이용했고 상가 주변을 살폈었다.

하루가 저물어 가는 시간이다. 서쪽으로 떨어지는 햇살이 아름답다. 오늘은 이곳 담양읍에서 마치기로 한다. 내일은 이곳에서 메타세쿼이아 길을 지나 순창으로 넘어갈 것이다. 그런데 뭔가 모를 허전함이 엄습한다. 마치 지나온 길 위에 중요한 것들을 남겨놓고 온 것처럼 말이다.

저녁식사부터 해야겠다. 버스터미널 뒤편에 있는 '부부식당'에 들어선다. 홀에서 주방이 훤히 들여다보이는 소박한 백반집이다. 홀에는 단골로 보이는 얼굴이 검게 탄 어른 두 사람이 소주잔을 기울이고 있다. 손님상에 안주를 놓고 나오다가 나를 본 주인아주머니가 반갑게 맞는다. "어서 오쇼이~잉." 오랜만에 들어보는 반가운 말투다. 자리에 앉자마자 음식을 갖다놓는다. 자동적이다. 메뉴를 고를 필요가 없다. 식사 메뉴는 백반 한 가지뿐이어서다. 식사 도중에 인심 좋은 주인아주머니가 시키지도 않은 돼지 머리고기를 듬뿍 가져다주신다. 자상함이, 후한 인심이 절로 묻어난다. 모처럼 제대로 된 백반으로 배를 채운다.

식사를 마치고 주인아주머니께 내가 오늘 밤을 묵기로 한 '24시 대나무랜드 찜질방' 위치를 물었다. 주인아주머니가 미처 대답을 하기도 전에 마치 기다리기라도 했다는 듯이 소주잔을 기울이던 어른 한 분이 잽싸게 가로채며 큰소리로 외친다.

"이 아래로 내려가다가 올라가면 돼야. 묻고 자시고 할 것 없어."

"이 아래로 내려가다가 어디에서 어디로 올라가는가요?"

"내려가면 봬. 왼쪽에 번쩍번쩍하는 것이 기여."

"번쩍번쩍하는 것이요?"

"그란당께. 말귀를 못 알아들어. 찜질방 간판이 번쩍번쩍해"

"아. 알겠습니다. 감사합니다. 그런데 24시간 내내 영업하는 것 맞지요?"

"아 그라제. 그래서 24시라고 하제. 내가 어저께도 갔다왔당께"

"네. 감사합니다."

내가 알아들은 듯하자 식당 주인아주머니가 한마디를 거둔다.

"아제가 인자부터 우리 식당에서 복덕방 사장해도 되것소"

마음이 놓인다. 오늘 밤을 보내기로 한 찜질방은 이곳에서 걸어서 갈 수 있는 거리에 있다. 나그네에게 시골식당은 음식만 제공하는 것이 아니라 복덕방 역할까지 톡톡히 한다. 이곳 '부부식당'이 그런 곳이다. 그래서 나는 여행지에서는 가급적이면 편안하게 대화할 수 있는 식당을 선택하는 편이다. 저녁식사를 마치고서도 식당 주인 부부와 많은 대화를 나눈 후에 식당을 나선다.

그새 캄캄한 밤중이 되어 버렸다. 식당에서 가르쳐준 대로 대로를 따라 아래로 내려간다. 5분 정도를 내려가니 식당에서 말해준 대로 도로 좌측에 번쩍번쩍하는 네온사인이 보인다. 보이는 불빛을 바라보면서 대나무랜드를 찾아간다. 밤은 어둡지만, 밤공기가 아주 신선하다. 담양이어서 그럴 것이다.

새로 신발을 구입하느라 몇 시간 출발이 늦춰진 국토종단 4일째 걸음이었다. 뜻하지 않게 비아농협 직원의 고마운 마음을 선물처럼 받았다. 기분 좋은 날이다. 그 선물을 소중히 안고 가벼운 마음으로 이곳까지 걸어왔다. 어려움에 처한 상대의 처지를 계산 없이 배려하는 삶의 가르침을 배웠고 가슴 깊이 새긴 하루였다. 그동안 해남 땅끝을 출발해서 4일간 전라남도 지역을 걸었다. 많은 것을 보았다. 여러 가지를 배웠다. 내일이면 새로운 땅 전라북도 지역을 걷게 된다. 순창을 거

쳐 임실, 진안, 무주를 향해 오름짓을 계속할 것이다. 기대된다. 그곳
에서는 또 어떤 것들이 나를 설레게 할 것인지…

🥾 오늘 걸은 길

송정동 → 광산 중학교 → 하남 산단 → 광산 IC → 비아동 → 광주과학기술
원 → 광주 과학고 → 북구 고내마을 → 월출교차로 → 담양 신용교차로 →
월본 사거리 → 주평사거리 → 담양읍(40Km, 10시간)

5

다 섯 째 걸 음

담양읍에서
임실군 강진면 갈담리까지

담양 메타세쿼이아 도열에 취하고

텅 빈 순창읍 풍경에 가슴 졸이다가

임실 갈담리에서 따뜻한 엄마 품에 안기다

이동경로

담양읍 남촌교차로→ 학동교차로→ 메타세쿼이아길→ 금성중하교
→ 순창군 금과면 방축리→ 금과합동정류소→ 충신교차로→ 순창읍
→ 신기교차로→ 쌍암교차로→ 임실군 덕치면 암치마을 →강진면 갈
담리(강서경로당 이용)

담양 '24시대나무랜드찜질방'은 동네 사랑방 같은 곳이다. 찜질방 손
님 전부가 한동네 사람처럼 여겨진다. 탕 안에서도 그렇고 TV를 볼
때도 그렇고 휴게소에서도 마찬가지다. 이야기도 스스럼없고 음식을
먹을 때도 그렇고 잠자리에 들어서기 전까지는 모든 걸 같이 하는 것
처럼 보인다. 부럽다는 생각을 했다. 우리 동네도 저럴 수 있다면 좋
겠다는, 나에게도 저런 친구들이 있다면 좋겠다는 생각을 했다. 더욱
놀라운 것은 찜질방을 나서면서 입구에서 본 광경이다. 간이의자에
빙 둘러앉은 사람들. 한 손에는 담배를, 다른 손에는 자판기 커피가
든 종이컵을 들고 있다. 순서 없이 떠드는 소리가 어쩌면 그렇게도 좋
아 보이는지. 다 같은 또래는 아니다. 나이가 더 든 사람도 덜 든 사람
도 있다. 하지만 대화 내용에는 차이가 없다. 웃음소리도 차이가 나지

않는다. 한동네 사람들이 아니고서야 어떻게 저렇게 자연스러울 수가 있겠는가? 정말 부럽다. 저렇게만 살 수 있다면 무슨 근심이 있겠는가? 갑자기 어제저녁 버스터미널 옆 부부식당에서 들었던 말이 생각난다. "내가 어저께도 갔다왔당께." 하던 그분의 말씀이.

아침 6시에 찜질방을 나서서 바로 어제저녁 식사를 했던 부부식당으로 향한다. 식당 주인이 "또 왔냐?"며 반갑게 맞아 주신다. 부부식당에서 아침식사를 한 후 그동안 메모한 것들을 정리하니 7시가 넘는다. 식당 주인과 이런저런 이야기를 나누다가 7시 20분쯤에 식당 문을 나선다.

오늘은 순창을 거쳐 임실까지 걸을 생각이다. 식당 주인에게서 순창으로 가는 길도 자세히 들었다. 식당 주인의 말씀 중에 '금과합동정류소'라는 단어가 튀어나올 때는 정말 반가웠다. 내가 알고 있고 이미 몇 번 가봤던 지명이어서다. 남촌교차로를 통과하니 교통 표지판이 나온다. 표지판에는 이곳에서 남원이 44, 순창이 16킬로미터라고 적혀 있다. 16킬로미터라면 4시간 정도는 걸어야 할 것 같다. 길을 걷다가 손님을 기다리느라 대기 중인 택시 기사를 발견하고 한 번 더 길을 물었다. 가장 잘 알 만한 사람을 통해서 다시 한 번 더 확인하기 위해서다. 냉담한 대답, 비아냥거리기까지 한다. 택시를 이용하지 않으면서 길만 물으니 그러는 것 같다. 안타까운 일이다. 직종마다 자기의 고유한 고객이 있을 것이다. 택시 기사에겐 택시를 타려는 사람이, 영화배우에겐 영화를 좋아하는 사람이 그들의 고객일 것이다. 그들의 고객에겐 당연히 잘해야 되겠지. 하지만 자기 고객이 아닌 사람도 언젠가는 자기 고객이 될 수 있다는 것도 알아야 할 것이다. 본분을 잘 모르는 기사인 것 같다. 그래도 택시 기사라면 그 지역의 얼굴이랄 수도 있는데…. 아쉬움이 크다.

학동교차로를 통과하니 도로번호가 바뀌어 나타난다. 그동안 걸었던 13번 도로가 아닌 24번으로. 이 도로는 최근에 금성산성을 오르기 위해 걸었던 바로 그 길이다. 잠시 후에는 그 유명한 메타세쿼이아 수목들이 도로 양쪽에 쫘~악 줄지어 서 있는 곳에 이른다. 이곳 도로 우측에는 따로 메타세쿼이아 길이 조성되어 있다. 도로에서 우측으로 이동하여 메타세쿼이아 길로 들어선다.

담양의 명물 메타세쿼이아 길

아늑한 정취가 일품이다. 이 길에는 메타세쿼이아 408주가 가로수로 지정되어 있는데, 이것들은 모두 국가산림문화자산으로 지정되었다고 한다. 더 특별한 것은 이곳에 있는 메타세쿼이아는 우리나라 최초로 양묘에 의해 생산된 묘목이라고 한다. 그리고 그걸로 가로수 숲길을 조성했다는 것이다. 이곳 메타세쿼이아 길은 이미 정읍 최고의 관광지로 명성을 날리고 있다. 하지만 오늘은 이른 아침이어서인지 사진을 찍고 있는 여성 두 분을 제외하면 관광객이라고는 아무도 없다. 매표소에도 사람이 없다. 무료로 입장해도 누구 하나 제지하는 사람이 없다. 넓고 아늑한 길, 화려한 길, 비싼 길을 메타세쿼이아들의 도열을 받으며 유유히 걷는다.

이 메타세쿼이아 길 우측 너머에는 관광객 유치를 위해 담양군에서 야심 차게 설치한 시설들이 들어서 있다. 유원지를 조성한 것이다. 어린이를 위한 전시관도 있다. 놀이기구도 있다. 성인들을 위한 찻집, 음식점, 관광상품 판매점들도 줄지어 있다. 메타세쿼이아길을 한참 동안 걷다가 길 마지막 지점에 이를 무렵에 좌측 공터에 있는 특별한 조형물을 발견한다. 가수 고 김정호 씨의 좌상이다. 그 옆에는 그분의 대표곡이라고 할 수 있는 '하얀 나비' 노래비가 세워져 있다. 일부러 가까이 가서 확인해 본다. 생전의 모습 그대로다. 이곳에서도 그분의 노래에서 풍기는 애절한 기운을 느낄 수가 있다. 잠시 예를 갖춰 명복을 빌고 다시 내 길을 간다.

메타세쿼이아 길이 끝나고 다시 24번 도로 위에 올라선다. 좌측 멀리에는 담양이 자랑하는 추월산이 자리 잡고 있다. 도로 갓길을 따라 걷는다. 금월교를 통과한다. 금월교 아래는 영산강이 흐르고 있다. 도로 좌측으로 담양 금성중학교가 나오고 이어서 무림마을 표석이 나온다. 그런데 갓길을 따라 걷고 있지만, 너무 위험하다. 갓길 자체가 거의 없는 거나 마찬가지이기 때문이다. 갓길 폭이 15센티미터 정도나될까? 그나마 그것도 풀숲으로 덮여 있다. 이래도 되는 걸까? 사람들에게 진정 이런 길을 따라 걸으라는 걸까? 교통사고라도 나게 되면 이길은 살인로가 되는 것 아닌가? 행정 당국의 재검토가 시급하다.

　이어지는 곳은 금성면 문화회관. 이곳도 나와는 인연이 있는 곳이다. 지난번 금성산성을 오르기 위해 왔을 때 들렀던 곳이다. 광주에서이곳까지 버스를 타고 왔다가 30분 이상을 이곳에서 기다린 끝에 간신히 택시를 잡아 금성산성 입구까지 갔었다. 금성리 마을 표석이 나타나고 5~6분을 더 가니 금성농공단지 안내판이 나온다. 이어서 행정마을과 영월마을 마을 표석들이 연이어 나타난다. 계속해서 낯익은지명들이 나온다. 이번에는 금과면 방축리다. 벌써 전라북도 순창군에 진입한 것이다. 전라남도의 경계를 넘었다. 경계라고 해 봤자 표지판 하나 덜렁 서 있을 뿐 큰 변화는 없다. 그 도로에 그 가로수 그 하늘에 그 작물들이다. 달라진 게 거의 없다.

전북 순창이 시작되는 방축마을 표지판

방축리를 관통하는 도로. 합동정류소가 보인다

　순창군은 1읍 10면에 인구도 2만 9천여 명으로 타 시군에 비해 많
지 않은 편이다. 특이한 것은 순창이 행정구역상으로는 전라북도에
속하면서도 생활권은 광주광역시에 가깝다는 것이다. 왜냐하면 지형
적으로 담양을 제외한 인접 시·군과는 산을 넘어야 하기 때문이다. 그
나마 88올림픽 고속도로가 순창읍을 통과하게 되면서 산간 오지의 위
치에서 다소 탈피하긴 했으나 아직도 더 많은 발전이 요구되는 지역이
다. 그렇지만 지역 특산물만큼은 어느 지역 못지않게 전국적인 지명도
를 갖고 있는 것들이 있다. 순창고추장과 복분자다. 순창고추장의 특
징은 검붉은 색깔이 윤기를 내고, 혀끝에 닿는 알싸한 감칠맛과 은은
한 향기 그리고 감미롭게 번지는 맛이다. 순창만이 갖고 있는 독특한
재래식 비법으로 만들기 때문이라고 한다. 그리고 순창복분자도 순창
의 특산품이긴 하지만 여기서는 순창자수를 더 소개하고 싶다. 순창
자수는 조선 중엽에 순창군수가 상감을 알현할 때 흉배의 자수 솜씨

를 보고 감탄한 임금이 순창자수를 진상토록 하면서 이후 400년간 지역의 특산품이 되었다고 한다. 현재는 소수의 기능인이 그 명맥을 유지하고 있다고 하는데, 그 기능과 전통이 꼭 보존되고 이어졌으면 좋겠다.

금과동산이 나오고 방축마을 안내판도 보인다. 몇 년 전 호남정맥을 종주할 때 이곳을 지났었다. 그때 이곳 금과동산에 있던 거대한 철쭉 봉우리가 나를 감탄시켰었다. 마치 거대한 두대통처럼 웅장하고 화려했었다. 아직도 그때의 붉디붉은 봉우리 형상이 생생하다. 바로 금과합동정류소에 이른다. 이곳 역시 이미 정이 든 곳. 단층인 도로변 양쪽의 건물들이 아직도 그대로다. 내가 막 이곳에 도착하자 담양 쪽에서 오던 버스도 따라 도착한다. 버스에서 내린 승객이 내리자마자 바로 옆에 세워둔 자전거를 타고 쏜살같이 사라지는 것이 인상 깊다. 도시 직장인의 출퇴근 모습을 연상시킨다. 도로 좌측에 있는 매표소 슈퍼도 그대로다. 저 슈퍼 안에서는 오늘도 몇 분의 촌로가 소주잔을 기울이고 있을 것이다. 안주도 보이는 듯하다. 오징어 땅콩일 것이다. 그 예전 이곳에 왔을 때도 그랬었다. 시골은 언제 봐도 정이 가는 곳. 내 고향이나 다를 바 없어서 그럴 것이다.

이번에는 순창읍이 1킬로미터 남았다는 교통표지판이 나타난다. 갑자기 힘이 솟는 듯 속도를 내게 된다. 충신교차로를 지나니 순창군청으로 들어가는 갈림길이 300미터 남았다는 표지판이 또 나온다. 낮 12시 30분 무렵에 드디어 갈림길 사거리에 도착한다. 우측에는 순창고교가 자리 잡고 있고, 그 아래에는 계단식으로 석축이 설치되어 있다. 더 신기한 것은 많은 항아리들이 놓여 있는데, 아마도 순창 고추장을 상징하거나 홍보하는 것이 아닐까, 하는 추측을 하게 된다. 이곳에서 국토종단 진행 방향은 좌측의 임실 방향으로 가야 하지만, 이곳까지 와서 순창읍을 들르지 않을 수가 없다. 시내 생김새도 관심거리지만 정보를 얻기 위해서다. 순창읍은 이곳에서 우측으로 들어서야 한다. 우측으로 향한다.

순창고 계단식 축대에 놓인 항아리들

진행하는 도로 좌우측의 단층 건물들이 어쩐지 생기를 잃은 것 같다. 폐타이어가 쌓인 카센터, 중국음식점, 부동산 중개소가 특히 눈에 띈다. 그런데 하나같이 허름하다. 바로 터미널에 이른다. 터미널 안으로 들어가서 살펴본다. 대기실에는 허름한 옷차림의 노인들만 보이는 것 같다. 군 소재지인 읍이라는 선입견 때문일까? 건물이나 상가 그리고 도로변의 시설들도 기대와는 사뭇 다르다. 눈에 탁 띄는 건물이나 시설들이 보이지 않는다. 물론 겉으로 보이는 단면을 가지고 전체를 판단해서는 안 되겠지만 아무튼 조금은 아쉽다.

지역 정보를 얻기 위해 공공기관 중 제일 먼저 눈에 띄는 우체국을 들렀다. 직원은 몇 명 보이지가 않고 빈자리가 더 많아 보인다. 창구에 앉아 있는 직원에게 다가가서 몇 가지를 물었다. 직원은 자세한 설명을 듣지도 않고, 질문의 내용이 무엇인지 알려고도 하지 않고 모른다는 말을 먼저 내뱉는다. 군청은 어디쯤 있으며, 임실로 들어가는 국도는 어디인가를 물을 참이었다. 변명을 늘어놓기에 바쁘다. 자기는 전주에서 이곳까지 출퇴근하는 직원이기 때문에 이곳 사정을 잘 모른다는 것이다. 그럴 수도 있을 것이다. 그렇지만 최소한 군청 위치 정도는 알 수 있지 않겠는가? 또 아무리 바빠도 질문 내용을 들어는 봐야 하는 것 아닐까?

두말 않고 나와서 다시 찾은 곳은 축협이다. 문을 열고 들어가 창구 직원에게 물었다. 내가 직원에게 묻는 것을 뒤쪽에서 들은 상사인 듯한 사람이 내 앞으로 달려와 자기가 알려주겠단다. 종이에 그려가며 위치를 설명해준다. 설명을 내가 이해하지 못한 듯하자, 잠깐 기다리라며 자기 책상으로 다시 달려가 대형 지도를 가져와 그 지도를 보면서 설명을 다시 한다. 전국의 고속도로 현황이 자세히 그려진 대형 지도다. 내가 고맙다는 인사를 거듭하자 혹시 필요하면 지도를 가져가라고 한다. 이 지도는 지인에게서 얻은 것인데 자기가 운전할 때에 요긴하게 쓰고 있다면서. 이렇게 고마울 수가! 그 직원이 요긴하게 사용하고 있는 지도이기에 웬만하면 사양했을 텐데, 이곳 지리뿐만 아니라 앞으로 가게 될 통일전망대까지의 도로 현황이 아주 자세히 나와 있어 욕심이 발동해서 그냥 받아들였다. 거듭 감사 인사를 하고 축협 문을 나서는 발걸음이 이렇게 가벼울 수가! 지도를 얻어서가 아니라 그 직원의 넓은 마음씨 때문이다. 조금 전의 우체국 직원과도 대비되었지만 나 자신과도 비교하게 되는 순간이다. 그 순간 나였다면 어떻게 상대를 대했을까? 하는 질문이 저절로 튀어나온다. 세상 참 살맛난다. 순창고 사거리에서 바로 임실로 가려던 발걸음을 돌려 이곳 순창읍을 들르길 정말 잘했다는 생각을, 이번에 국토종단을 시작한 걸 정말 잘했다는 생각을 또 하게 된다.

축협에서 나와 바로 임실을 향해 발걸음을 옮긴다. 이곳에서 임실은 오던 길로 되돌아가 순창고 사거리에서 직진하면 된다. 교통표지판에는 '전주, 강진면'으로 적혀 있다(담양에서 바로 임실을 찾아갈 때는 이곳 순창고 사거리에서 좌측으로 진행).

순창고 사거리를 통과한다. 이제부터는 도로명이 바뀌어 27번 일반 국도를 따라 걷게 된다. 도로 주변은 논과 밭. 아직 9월인데 벌써 나락 추수가 끝난 곳이 있다. 신기교차로를 통과하니 도로 좌측에 신기 마을이 등장한다. 저 마을 너머엔 또 무엇이 있을까? 사뭇 한가로워진 마음으로 도로를 따른다. 복실교차로를 통과하니 역시 좌측에 복실리 마을 표지목이 나온다. 어느새 인계면에 접어들었고 인계교차로를 지난다. 우측은 동계면과 장수로 가는 길이고 좌측은 월정과 정읍으로 가는 길이다. 임실행은 직진이다. 아직도 여전히 일반국도 갓길을 걷고 있다.

길은 어느새 쌍암1교와 쌍암교차로를 지나더니 드디어 임실군 덕치면에 진입한다. 이제 임실도 다 온 셈이다. 섬진강 상류 지역에 위치한 임실군은 대한민국 치즈 발상지이다. 1읍 6면의 행정구역을 갖고 있고 인구도 2만 9천여 명에 불과하다. 내가 과문해서 그런지는 몰라도 임실 하면 치즈하고 전통쌀엿밖에 떠오르지 않는다. 임실치즈는 국내최초로 개발 보급한 국내 치즈의 원조다. 전통쌀엿은 안에 바람구멍이 많이 들어 깨물면 바삭바삭한 것이 특징인데, 임실 박사골 삼계 엿을 으뜸으로 친다. 소위 '엿치기' 하기에 좋은 엿이다.

임실군 덕치면이 시작되는 쌍굴

오르막을 한참 오르니 정상에 쌍으로 된 굴다리가 나타난다. 굴다리에는 대형 현수막이 걸려 있다. '2017순창세계소스축제'와 '제12회순창장류축제'를 알리는 현수막들이다. 순창시내에서도 보지 못한 현수막들이 이곳에 있다. 이 현수막들을 보니 순창을 떠나면서도 다시 한 번 순창을 가슴에 새기게 된다. 이곳에서는 좌측의 구도로로 이동하여 진행한다.

내리막길을 내려서니 좌측 산봉우리 아래에 작은 마을이 앉아 있다. 마을 앞에는 '내 고향 암치마을'이라고 적힌 정겨운 마을 표석이 세워져 있다. 임실군 덕치마을과 암치마을을 보니 김용택 시인이 생각난다. 김용택 시인은 전북 임실군 덕치면 장암리(진뫼마을)에서 태어나 고향에서 교직으로 정년까지 한 고향 지킴이다. 평생을 섬진강 곁에 거처를 두고 고향, 섬진강 등과 같은 자연을 노래했다.

진뫼, 회문 등 산골마을들이 나타났다 사라지고, 고요하게 흐르는 섬진강을 건너게 된다. 주변은 산과 강, 마을이 전부다. 저 산과 강 그리고 숲이 어우러져 마을들을 번성시키고 대시인을 탄생시켰겠지. 나도 오늘만큼은 이곳에서 걸음을 멈추고 한없이 자연에 물들고 싶다. 그 옛날 시인이 그랬던 것처럼 그렇게 살아보고 싶다. 최소한 흉내라도 내보고 싶다.

강진면 갈담리 강진삼거리

걸음은 덕치면을 벗어나 강진면에 들어섰고, 약간은 피곤한 몸을 이끌고 면 소재지인 갈담리에 들어선다. 의외로 번성한 마을처럼 보인다. 시골일 것으로 예단한 때문일까? 시골치고는 작지 않은 버스터미널이 있고 그 뒤로는 시장도 있다. 관광객인 듯 원색의 복장을 한 사람들도 여럿 보인다. 3층 건물도 상가도 슈퍼도 다방도 떡방앗간도 보인다. 그저 그런 시골은 아닌 것 같다. 오늘은 이곳 강진면 갈담리에서 국토종단 5일째의 발걸음을 멈추기로 한다(05:21).

첫 번째 스승을 만난 식당 '행운집'

일단 터미널 옆에 있는 공중화장실에서 간단히 땀을 씻어내고 오늘 저녁을 보낼 정자를 찾으러 나선다. 버스터미널 주변을 먼저 살핀다. 정자는 바로 나타난다. 시장 앞에 있는 강진풍물단 건물 앞마당에 정자가 있다. 텐트 치기에는 안성맞춤이다. 주변 여건도 좋다. 사람의 이동이 뜸한 마을 모퉁이에 있어서다. 주변에 공중화장실도 있다. 제방 너머에는 흐르는 물도 있다. 이보다 더 좋은 자리가 어디 있을까? 또 건물 안에는 '강진 작은 목욕탕'이 있다. 요즘은 지자체마다 이런 작은 목욕탕을 운영하고 있는 것 같다. 면민들을 위해 면에서 운영하는데, 65세 이상 어르신들은 1,500원, 일반인은 3,000원을 받고 있다. 우리 같은 나그네들에겐 최적의 시설이다. 그런데 아쉽게도 남자와 여자가 이용할 수 있는 요일이 제한되어 있다는 것이다. 남자는 8월까지는 월, 수, 금요일에 가능했는데 9월부터는 화, 목요일로 바뀌어 버렸다. 몹시 아쉽다. 모처럼 때 빼고 광낼 기회를 놓쳐버린 것이다.

이젠 저녁식사를 해야 한다. 강진풍물단 건물과 도로 하나를 사이에 두고 있는 행운집이라는 간판이 걸린 식당으로 들어선다. 70대 후반으로 보이는 나이 지긋한 주인 할머니가 반갑게 맞아 주신다. 식당 안에 들어서서야 이 식당 주메뉴가 국수임을 알았다. 국수를 주문하자마자 시장하니 국수 삶는 동안 우선 먹으라면서 밑반찬을 가져다주신다. 사실 엄청 배가 고픈 때였다. 염치불구하고 반찬을 먹다 보니 국수를 삶아 왔을 때는 이미 반찬 그릇이 모두 바닥을 보이게 되었다. 주인 할머니는 다시 반찬 한 벌을 더 가져다주시며 많이 먹으라는 말씀을 잊지 않으신다. 그것이 다가 아니다. 국수를 추가로 더 말아주실 뿐만 아니라 돼지고기를 듬뿍 가져다주신다. 주인 할머니는 나의 행동거지가 이상하게 보였던 모양이다. 자꾸 뭘 물으시려 한다.

"내일은 어디로 가는가?"

"진안 쪽으로 갑니다. 계속 위쪽으로 올라가서 강원도 고성 통일전망대까지 갑니다."

"그 먼 데까지? 거기가 어디라고…. 걸어서?"

"네."

"잠은 어디서 자고?"

"텐트를 가지고 다닙니다. 걷다가 하루해가 저물면 거기서 텐트를 치고 잡니다."

"오늘은 어디서 잘 겨?"

"이 아래 풍물단 건물 앞에 있는 저 정자에서 잘 생각입니다. 조금 전에 봐 뒀습니다."

"이 아래?"

"네."

"안 돼. 추워서 못 자. 내가 이장한테 말해 줄 테니 경로당에 가서 자."

실제로 주인 할머니는 동네 이장님이 국수집에 오시자마자 말을 꺼내신다.

"이 사람 오늘 저녁 경로당에서 자게 하셔. 저기 정자에서 텐트 치고 잔되야."

"정자에서? 춰서 안 되지. 그래 경로당에서 자."

이장님도 일사천리다. 묻지도 따지지도 않고 허락하신다. 이렇게 고마울 수가! 식사가 끝나면 당신이 안내해 줄 테니 같이 가자고 하신다. 식사를 마치고 주인 할머니께 식사비를 드리면서 돼지고기 값도 함께 받으라고 하니 할머니가 깜짝 놀라시며 손사래를 치신다. 절대 안 된다고. "어떻게 이런 사람 돈을 받냐"면서. 그러시면서 "그 돈은 내일 가다가 맛있는 것 사먹어." 하시는 거다. 그뿐만이 아니다. 믹스 커피 5개를 손에 쥐여 주시면서 "가다가 목마르면 커피 마시면서 가." 라고 하신다(이 커피는 국토종단 중에 기회가 없어서 못 마셨고, 국토종단을 마치고 귀가해서도 주인 할머니를 잊지 않기 위해 현재까지도 책상 위에 그대로 보관하고 있다). 진심에서 우러나오는 따뜻한 할머니의 한마디가 어쩌나 가슴에 여운으로 남는지! 지쳐 있던 오늘 하루가 이렇게 포근해질 수가! 이런 고마움을 무슨 말로 어떻게 다 표현을 할 수 있을까? 그런데 알고 보니 이 행운집은 대단한 식당이었다. 식당에 들어갈 때는 아무것도 모르고 들어갔는데 이미 KBS, MBC, SBS에 임실 강진 맛집으로 소개된 집이었다. 특히 음식 맛과 주인 할머니의 친절함으로 해서다. 할머니뿐만 아니다. 이곳 이장님도 마찬가지다. 이장님은 나를 경로당으로 데리고 가시더니 출입문 잠그는 법을 알려주시고, 냉장고 안에 있는 내용물 소개하시더니 물 끓이는 주전자, 맥주, TV 리모컨까지 일일이 설명해 주신다. 저녁에 TV를 보다가 목마르면 냉장고에서 맥주도 꺼내 마시라는 것이다. 나를 감동시키기는 이장님도 마찬가지였다. 낯선 나그네에게 뭘 믿고 안방을 통째로 맡기실까? 더구나 TV 보다가 목마르면 냉장고에서 맥주를 꺼내 마시라는 소리는 아무나 쉽게 할수 있는 말이 아닐 것이다. 식당 주인 할머니와 마을 이장님을 통해서 임실군 강진면은 나에게 큰 선물을 주신 것이다. 어떤 학교에서도 배울 수 없는 귀한 가르침을 주신 것이다. 한 끼 식사를 배불리 먹고 따뜻한 방에서 하룻밤을 편안하게 지냈다는 문제가 아니다. 이번 국토종단은 이곳에서 마쳐도 여한이 없을 것 같다. 국토종단을 통해서 얻을 수 있는 것을 이곳에서 다 얻은 거나, 다 배운 거나 마찬가지다. 훗날 언젠가 반드시 그리워하게 될 마음속의 명장면 하나를 또 이렇게 꾹꾹 채워 넣는다.

도보여행! 생각보다 많은 사람들이 그리 달가워하지 않는 것 같다. 산이나 관광지는 잘 찾아가면서도 말이다. 햇볕 아래에서 땀을 흘려야 하기 때문일 것이다. 특별한 볼거리가 없어서, 들을 게 없다 해서 그럴 것이다. 아니다! 도처에 가슴 설레게 하는 것이 수두룩하다. 움직이는 곳마다 감동이 널려 있다. 가는 곳마다 스승이 기다리고 있는 것이 도보여행이다. 오늘은 대스승을 만난 날로 기억될 것이 확실하다. 감격스러운 하루가 또 이렇게 임실군 강진면 갈담리에서 밤을 맞는다. 갈담리에서의 이 밤은 그동안의 노정에 지친 여독을 말끔히 씻겨내는 진정한 휴식이 될 것 같다. 이 밤을 오래오래 붙들고 싶다.

오늘 걸은 길

담양읍 남촌교차로 → 학동교차로 → 메타세쿼이아길 → 금성중학교 → 금과면 방축리 → 금과합동정류소 → 충신교차로 → 순창읍 → 신기교차로 → 인계교차로 → 쌍암교차로 → 암치마을 → 강진면 갈담리(37Km, 10시간 10분)

6

여 섯 째 걸 음

임실군 갈담리에서
진안군 마령면 마평리까지

감사의 땅! 행운의 땅! 임실을 확인하고,

대운재를 넘어

고원의 땅 진안군 마령에 들어서다

이동경로

강진면 갈담리→ 국립임실호국원→ 청웅교차로→ 모래재→ 임실읍
→ 성수→ 운현전적지→ 대운재→ 진안군 마령면 마평리(마평경로당
정자에서 야영)

평소보다 일찍 일어나 어제의 메모를 정리하면서 새벽을 깨운다. 방
안을 깨끗하게 정리 정돈하고 경로당을 나선다. 어제저녁은 오랜만에
편안한 밤을 보냈다. 행운집 식당 주인 할머니와 마을 이장님 덕분이
다. 새로운 하루의 걸음이 시작된다. 지나는 길에 행운집 식당을 다시
한 번 쳐다본다. 식당 간판과 마주하는 순간 주인 할머니의 모습이 생
생하게 떠오른다. 잠시 발길을 멈추는 것으로 할머니에 대한 감사 인
사를 대신한다.

어제 이장님은 "내일 아침에 우리 집에서 조반 먹고 가."라고 하셨
다. 그 말씀이 생각이 나서 인사나 드리려고 전화를 걸었으나 받지 않
는다. 채 날이 밝지 않은 이른 아침이라 아마 아직 주무시고 계실 것
이다. 너무 일찍 전화드리는 것도 실례라는 생각이 들어 바로 끊고 내

길을 간다. 얼마간 걷다가 꼭 전화로 인사를 드리겠다는 다짐을 하면서. 오늘은 이곳 갈담리에서 임실읍을 거쳐 진안군 마령까지 갈 생각이다.

  이곳 강진터미널에서 직진하면 바로 강진삼거리가 나온다. 삼거리에서 우측으로 50미터 정도 가면 다시 삼거리에 이르고, 이곳에서 좌측으로 곧장 가면 임실로 가는 길이 계속 이어진다(직진은 순창군 동계면으로 가는 길). 좌측으로 진행하는 도로 양쪽에는 시골스러운 주택들과 허름한 상가들이 줄지어 있다. 새로 건축되려고도, 낡아서 헐려지려고도 한다. 맨 먼저 발견되는 것이 농협과 하나로마트다. 강진면 사무소와 우체국을 지나고 도로 좌측에 한국치즈과학고교가 있음을 알리는 간판이 보인다. 임실에 치즈학교가 있는 이유는 다음과 같다. 앞서 간단히 설명했지만, 임실은 한국 치즈의 역사가 시작된 곳이다. 1964년 임실성당의 주임신부로 부임한 벨기에 출신 디디에 세스테베스 신부가 산양 두 마리를 가난한 농민들에게 보급하면서부터 임실치즈의 역사가 시작되었다. 임실치즈는 서양 음식인 치즈를 우리 입맛에 맞게 만드는 데 성공했다는 평가를 받고 있다. 호기심에 치즈학교를 방문해보고도 싶지만 빠듯한 일정에 지체할 여유가 없어 오늘은 그냥 지나친다.

임실군 갈담리에 있는 '한국치즈과학고' 안내판

햇빛이 아주 맑다. 참 곱기도 하다. 어제 담양 택시 기사의 비아냥거림에 상한 마음이 말끔히 잊히는 기분 좋은 아침이다. 그것보다는 행운집 주인 할머니와 갈담리 이장님의 자상한 배려 때문이라는 것이 더 정확한 표현일 것이다. 햇빛이 이렇게 사람의 마음을 평온하게도 만든다는 걸 새삼 느낀다.

걷고 있는 도로는 일반국도 30번. 도로 좌측으로 이목마을과 부흥마을이 이어지더니 우측에 국립임실호국원이 나온다. 임실에 호국원이 있다는 것도 오늘에서야 알게 된다. 호국원 입구에서는 여러 사람이 노상에서 조화를 판매하고 있다. 조화 판매 상인들을 보니 어제의 궁금증이 풀리기 시작한다. 갈담리 버스터미널에서부터 조화 판매상을 그렇게 많이 볼 수 있었던 이유를. 이곳에 호국원이 있기 때문이다.

국립임실호국원 표석. 그 뒤에 호국원이 있다

일직선 도로가 계속 이어진다. '청웅면'이라는 행정 표지판이 나온다. 이제 임실군 청웅면에 진입한 것이다. 이어서 청웅교차로에 이른다. 이곳 교차로에 있는 이정표는 좌측은 청웅면, 우측은 남산리, 직진은 진안을 알리고 있다. 다시 30여 분 만에 만나게 되는 옥전교차로. 도로는 오르막이 시작되고 하중산마을이 나온다. 상중산마을도 바로 이어진다. 한바탕 긴 오르막이 이어지더니 마침내 잿등에 이른다. 모래재에 도착한 것이다.

모래재는 청웅면이 끝나는 지점이기도 하다. 좌측에는 신기마을이 우측에는 사치마을이 있고, 잿등 정상에는 2000년 8월 15일에 청웅면 번영회에서 세웠다는 대형 표석이 세워져 있다. 표석에는 정중한 명조체로 "안녕히 가십시오."라고 새겨져 있다. 이곳에서 어제저녁 경로당에서 잠을 자도록 허락해준 갈담리 이장님께 전화를 드렸다. 전화를 받은 이장님은 "조반 먹고 가라니까 그냥 가버렸어." 하시더니, "아침에 가보니까 가버리고 없더만."이라고 하신다. 이렇게 고마울 수가! 감사하다는 인사와 함께 내내 건강하시라는 말씀을 올리고 이장님과 정식으로 작별인사를 나눴다. 두고두고 잊지 못할 은인으로 남을 것 같다.

모래재에서 시작되던 내리막길이 끝나자 임실읍에 도착한다. 이번에는 임실읍 시내를 들르지 않고 바로 마령 방향으로 향한다. 오늘 오후의 소요시간을 예측하기 어려워서다. 잠시 후에 임실고교를 지난다. 이곳에서 진안방면으로 가는 도로를 찾아야 하는데 쉽지가 않다. 이정표라든가 하는 것들이 전혀 보이지 않는다. 쉬운 방법은 이곳 지리에 밝은 주민들을 만나 직접 물어보는 것인데, 눈을 씻고 봐도 사람 구경을 할 수가 없다. 어쩌다가 겨우 만나는 사람들의 대답도 제각각이다. 그중에서도 공통되는 대답은 일단 성수를 찾아가라는 것이다.

성수만 찾아가면 진안 방면으로 가는 길은 뚜렷하다는 것이다. 성수
는 임실군의 1읍 6면 중의 가장 동쪽에 위치하고 있는 면이다.

청웅면이 끝나고 임실읍이 시작되는 모래재 정상

　성수를 찾아가는 길도 쉽지 않다. 갈림길이 자주 나오는데도 확실
한 교통표지판이 없기 때문이다. 더군다나 주택이 없는 곳이라 길을
물어볼 사람도 찾을 수 없다. 30분 이상을 헤매다가 간신히 성수행
도로를 발견한다.

　걷고 있는 도로는 30번 일반국도다. 좌측에 석현마을이 나오고 성
수초교가 나타난다. 드디어 찾고자 했던 성수에 이르게 된 것이다
(13:04). 많이 지체된 것 같다. 서둘러야 할 것 같다. 성수에서 40분 정

도를 진행하니 이번에는 평지삼거리에 이른다. 삼거리에는 진안에서 무주까지 43킬로미터라고 알리는 조그마한 표지판이 세워져 있다. 벼가 익어가는 들녘에는 허수아비가 또 가을을 알리고 있다. 바로 도로 좌측에 대왕 마을을 알리는 마을 표석이 나오더니 이어서 우측은 주암 마을이라고 알리고 있다. 이때 갑자기 앞만 보고 걷고 있는 나를 부르는 소리를 듣게 된다. 뒤돌아보니 중년의 낯선 남자가 미소를 띠며 자동차 옆에 서 있다. 이분은 현재 전주에서 활동하시는 목사님인데, 자동차를 타고 가다가 국토종단을 하고 있는 나를 발견하고서 차에서 내려 나를 부른 것이다. 목사님은 이 지역 지인으로부터 초대를 받고 부부가 함께 찾아가던 중이었다. 더위 속에서 수고한다는 말과 함께 목을 축이라며 음료수를 내게 건넨다. 나에 대해 이것저것 물으시더니 나를 끝까지 기억하시겠다며 꼭 완주하라고 격려하신다. 국토종단이 끝날 때까지 매일 나를 위해 기도해 주시겠다고도 한다. 마음이 절로 편해진다. 귀한 은인 한 분을 또 만난 셈이다.

도로는 약간의 오르막으로 이어진다. 도로 폭을 넓히는 공사가 한창이다. 도로 중앙선을 기준으로 한쪽에서 공사가 진행되기에 다른 쪽은 자연스럽게 교통이 통제되고 있다. 이곳 공사장에서 차량 통제 업무를 맡고 있던 공사장 인부가 가던 길을 멈추고 신호 대기 중인 나에게 오더니 말을 건넨다.

"더운데 수고 많습니다. 이거 하나 드세요."

"아닙니다. 더운 날씨에 수고가 많습니다."

"국토종단 하시나 봐요? 나도 꼭 한 번 해보고 싶은 것인데…"

"아 그러세요. 기회 되면 하시면 되죠. 그나저나 감사합니다. 이렇게 음료수까지 주시고…"

땀 흘리며 공사장에서 일을 하는 인부가 나 같은 도보 여행자에게 수고한다며 음료수를 건넨다. 이렇게 미안하고 또 고마울 수가! 아마도 자기가 마실 몫일 텐데 나에게 준 것일 거다. 오히려 뙤약볕에서 일하시는 분들에게 내가 위로를 해야 하는 거 아닌가? 미안하고 고마울 따름이다.

도로 오르막을 3분의 2쯤 올랐을 때 도로 좌측에 넓게 펼쳐진 잔디밭을 발견한다. 잔디밭 중앙 좌측에는 정자가 있고 몇 개의 안내판도 보인다. 운현전적지다. 운현전적지는 1908년 3월 일본군과 격전을 벌이다 17명의 의병들이 순국한 곳이다. 임실군 성수면과 진안군 백운면 경계 부근인 대운재 도로변에 위치해 있다. 관심을 갖고 전적지를 살펴본다. 그런데 아쉬운 것은 이곳 정자에 앉아 있는 등산객 부부의 행태다. 등산객 부부는 넓은 정자에 온갖 자기 물품을 다 늘어놓고 음식을 먹고 있었다. 복장은 자기 안방에서 하듯이 아주 편한 자세로 풀어헤치고서 말이다. 다른 사람이 정자에 오를 공간이 없게 독차지해서 공동으로 사용해야 할 휴식 시설이 제 역할을 못 하도록 막고 있다. 다른 사람이 이용할 권리를 방해하고 있는 것이다. 자기 몸이 더우면 남도 더운 줄을 왜 모를까! 안타까운 사람. 주변에서 간혹 볼 수 있는 이런 사람들 때문에 사회가 더 덥기도 더 추워지기도 하는 것이다.

평소에 이런 생각을 자주 한다. '잘 산다는 게 뭘까?' '어떻게 살아야 잘 사는 걸까?'라는. 내 주변을 둘러보기도 하고, 관련 서적을 뒤져보기도 했다. 닮고 싶은 사람을 찾아보기도 공감이 가는 글귀를 발견하기도 했다. 하지만 아직은 잘 모르겠다. 그런 구절 중의 하나다. "가치 있는 삶은 한마디로, 나의 존재가 세상 누군가에게 무엇인가가 되는 삶이다." (전혜성 님의 『가치 있게 나이 드는 법』 중에서). 이 말이 내가 생각하고 있는 '죽기 직전에 가장 적게 후회할 수 있는 삶'과 얼마나 유사성이 있는지는 모르겠다. 나는 평소에 '잘 산다는 것'에 대해 이렇게 생각하고 있다. '사람은 죽기 직전에 스스로 자신의 삶을 평가할 것이다. 실수도, 영광도 떠오를 것이다. 영광보다는 후회가 더 크게 다가설 것이다. 해야 할 것을 하지 못한 것에 대한 후회, 하지 말아야 할 것을 해버린 것에 대한 후회 말이다.'라고. 지금 걷고 있는 국토종단도 그런 차원의 행동이라고 해도 될 것이다. 뿐만 아니라 내가 12년간에 걸쳐 완주한 우리나라 산줄기 걷기도 마찬가지다. 숱한 반대가 있었고 여건도 어려웠지만 감행했다. 죽기 직전에 후회를 덜 하기 위해서였다. 잘한 건지 잘못한 것인지 확신은 못 하지만 후회는 하지 않을 것 같다. 비록 엄청난 기회비용을 지불했지만 말이다.

진안군이 시작되는 대운재 정상

운현전적지를 지나 한참 오르니 또 잿등에 이른다. 대운재 정상이다. 그리고 이곳에서부터 진안군이 시작된다. 정상에는 진안군 백운면을 알리는 행정 표지판이 세워져 있다. 호남의 지붕이라 불리는 진안은 사계절이 뚜렷한 고원지대로 산과 물이 어우러진 비경을 구석구석에 담고 있다. 또 대한민국 유일의 홍삼 특구로 지정되기도 했다. 진안을 떠올리면 제일 먼저 생각나는 게 마이산이다. 마이산은 진안읍과 마령면에 걸쳐 있는데, 이 산 일대의 자연경관과 사찰들을 중심으로 도립공원으로 지정되었다. 그렇다고 진안에는 마이산만 있는 게 아니다. 진안의 지리적인 특성을 잘 살린 특산품이 몇 가지 있다. 흑염소, 진안홍삼, 절임배추, 애저찜 등이 그것들이다.

진안군 마령면 마평리 거리

해발 413미터인 대운재 정상에서 30여 분을 내려서니 도로 좌측에 오정마을, 원촌마을 그리고 우측에 신전마을들이 나타난다. 갈수록 발걸음이 무거워짐을 느낀다. 매일 이때, 해질 무렵이 되면 그동안 잘 걷던 발걸음도 점점 무거워지고 게을러진다. 무거운 발걸음을 어르고 달래 오후 6시가 넘을 무렵 마평리에 이른다. 이곳 마령면 마평리는 오늘 걸음의 마지막 지점이 될 것 같다. 갈림길에서 마을 안길로 들어선다. 면 소재지라는 것을 감안하더라도 마평리에는 의외로 상가가 많다. 마치 계획된 도시처럼 곧게 뻗은 중심 도로를 기준으로 양옆에 건물들이 서 있다. 우선 마을을 한 번 둘러보고 저녁에 텐트를 칠 곳을 찾아본다. 좀처럼 마을 정자가 보이지 않더니 마령초등학교와 마평경로당 앞에서 연거푸 정자가 발견된다. 오늘은 이곳 경로당 앞에 있는 정자에 텐트를 치기로 마음속으로 정한다. 마령초등학교 운동장 내에 있는 정자는 사방이 탁 터져서 한밤중에 바람의 피해가 있을 것 같아서다. 반면 경로당 앞 정자는 경로당 건물이 바람막이가 될 것이기에 그런 염려는 하지 않아도 될 것 같다.

텐트 칠 장소를 확보했으니 이젠 저녁식사를 할 식당만 찾으면 오늘 일과는 끝난다. 대부분의 식당이 문을 닫고 있다. 시골이고 주말 저녁이어서 그런 것 같다. 마지막으로 들어선 식당도 영업이 끝났는지 할아버지 혼자서 식당을 지키고 있다가 나를 맞는다. 영업할 준비가 되어있지 않지만, 나의 사정 이야기를 들으신 할아버지는 자리를 가리키며 앉으라고 한다. 할아버지는 냉장고에서 반찬을 꺼내면서 말씀하신다. "이거라도 먹고 가게 해야지 어떻게 찾아온 손님을 돌려보내나?" 하시는 거다. 냉장고 반찬과 즉석에서 데운 소머리국밥으로 저녁식사를 마친다.

내가 저녁식사에 특히 신경을 쓰는 이유가 있다. 밥도 밥이지만 그 지역 사람들을 만나보는 기회를 갖기 위해서다. 식당이 아니면 좀처럼 지역민들을 만나기가 쉽지 않다. 그런데 오늘 이곳 식당에서는 분위기가 그렇지 못하다. 손님이 한 사람도 없을 뿐만 아니라 주인 할아버지는 식사가 끝나면 빨리 내가 나가주기를 바라는 눈치다. 식당에 들어설 때도 식당 안의 불은 반쯤만 켜져 있었고 하루 영업을 끝낸 분위기였다. 지역민과의 대화가 물거품처럼 사라진 것이다. 임실을 떠나면서부터 진안을 생각했었다. '진안은 어떤 곳일까?' 하고서 말이다. 진안 읍보다는 하룻밤을 묵게 될 이곳 마령에서 큰 기대를 했었다. 그런데 기대는 그저 기대로만 끝나버린 것 같아 아쉽다. 사실 진안에 대해서는 아는 게 별로 없다. 정맥 종주를 하면서 진안읍을 몇 번 경유했지만, 그때마다 시간이 없다는 핑계로 그저 지나쳤을 뿐이다. 진안을 알려면 진안고원에 대해 알아보는 것이 조금은 도움이 될 것 같다. 진안고원은 진안군·무주군·장수군에 걸쳐있는 고원지대를 말한다. 이 고원은 호남 지방의 지붕이라고도 하고 금강·섬진강·만경강 등이 여기에서 발원한다. 고원은 특성상 비와 눈이 많이 내린다. 또 표고가 높기 때문에 고랭지농업도 활발하다. 그래서 이곳 진안에서는 고랭지채소·잎담배·인삼·약초 등의 생산량이 많은 것 같다.

오늘도 길 위에서 많은 사람을 만났다. 성수에서 만난 목사님 부부, 도로공사 현장에서 만난 나에게 음료수를 준 공사장 인부, 운현전적지 정자에서 만난 등산객 부부의 모습이 떠오른다. 이분들을 통해 오늘도 나는 살아있는 교육을 받았다. 사랑을 배웠고 배려를 배웠고 겸손을 배웠다. 이런 길 위에서 만난 인연들을 나는 특별히 소중하게 간직할 것이다. 그들과 반갑게 악수를 나누었듯이 두고두고 기억할 것이다. 그들이 내게 가르침을 주었듯이 나도 남들에게 그들처럼 베풀 것이다. 산 너머로부터 어둠이 몰려든다. 금세 밤이 찾아올 것 같다. 이렇게 또 소중한 국토종단 길의 하루가 소리 없이 줄어든다.

🥾 오늘 걸은 길

강진면 갈담리 → 국립임실호국원 → 청웅교차로 → 모래재 → 임실읍 → 성수 → 평지삼거리 → 운현전적지 → 대운재 → 진안군 마령면 마평리(38Km, 11시간 40분)

9월 17일 일요일, 맑다

7

진안군 마령면 마평리에서
무주읍까지

마이산의 정기를 받으며
진안고원길을 느끼다가,
터널 세 곳을 통과하고 무주읍에 들어서다

이동경로

진안군 마령면 마평리→ 원동촌마을→ 화전삼거리→ 진안읍→ 진안
의료원→ 운산교차로→ 수동터널→ 배넘실마을→ 월포대교→ 불로
치터널→ 괴정마을→ 조금재터널→ 무주IC만남의광장→ 싸리재터
널→ 무주읍(무주24시찜질방 이용)

새벽 4시에 기상. 습관적으로 오늘 날씨를 확인한다. 어둠 속에서
텐트를 철거하고, 마평경로당을 한 번 더 둘러본 후 5시 40분쯤 길을
나선다. 오늘은 진안읍을 거쳐 무주까지 가게 될 것이다.

거리는 쥐죽은 듯 조용하다. 마을 사람들 모두가 잠들어 있을 시간.
어쩌면 하루 중 이때가 가장 행복한 시간일지도 모른다. 어제 해 질
무렵 모락모락 피어오르던 굴뚝 연기가 저절로 연상되는 평화스러운
새벽이다.

마령사거리 새벽길

　우측의 마령초등학교를 지나니 마을을 벗어나면서 바로 마령사거리 대로에 이른다. 사거리에는 여러 안내판들이 세워져 있다. 그중에서도 눈에 띄는 것은 '하늘땅 진안고원길' 안내도다. 진안고원길은 진안땅 전체를 14개 구간으로 나누어 한 바퀴 돌 수 있게 만든 길이다. 자세한 설명이 있다.

　　첩첩산중 고원바람을 맞는 곳, 진안고원. 진안고원길은 하늘땅 고샅 고샅에서 마을과 사람, 문화를 잇는 길입니다. '북에는 개마고원, 남에는 진안고원.' 이 말처럼 진안땅 높은 지대에 자리하고 있습니다. 그래서인지 산이 많고, 산과 산 사이에 흐르는 물길은 맘껏 굽어졌습니다. 산과 물이 많은 진안땅 곳곳의 자연을 느끼며 진안땅 한 바퀴 14개 구간 200킬로미터를 걷는 동안 100개의 마을, 50개의 고개를 만나게 됩니다.

구간 지도가 그 옆에 그려져 있음은 물론이다. 100개의 마을과 50개의 고개를 만날 수 있다니 나도 구미가 당긴다. 나중에라도 기회가 된다면 하늘땅 진안고원길을 꼭 걸어보고 싶다.

마령사거리에서 우측으로 진행한다. 쭉 뻗은 도로가 인상적이다. 역시 30번 일반국도다. 잠시 후에 도로 우측에 충혼불멸탑이 나타나고 그 설명문이 도로변에 있다. 국가보훈처 지정 현충시설인 충혼불멸탑에는 '이 충혼불멸탑은 백두대간 중심축인 마이산 정기를 받은 마령면민들이 6.25한국전쟁 당시 사랑하는 고향산천이 적군의 군화에 짓밟히자 분연히 일어나 면단위 향토방위대를 조직하여 적군과 싸워 마령면민의 재산과 생명을 보호하였으며 수차례 공비토벌 작전에 참여하는 등 우리 고장을 지켜주신 156분의 공적을 길이 남기고 자라나는 후손들의 산 교육장으로 활용하기 위하여 마령면민들의 뜻을 모아 공적비를 건립하였다.'라고 적혀 있다.

도로변에 핀 코스모스가 가을을 느끼게 한다. 좀 더 진행하니 좌측에 원동촌마을이 나타난다. 이 마을은 메주가 특산물인 모양이다. '내 고향 자랑거리 메주'라고 적힌 대형 입간판이 마을 표석 옆에 나란히 서있다. 메주뿐만이 아니다. 사과도 오미자도 유명한 것 같다. 도롯가에 인접해 있는 밭에는 오미자 재배단지와 사과밭이 자주 눈에 띈다. 키 작은 사과나무에는 빨간 사과들이 먹음직스럽게 매달려 있다.

마령면 동촌리 화전삼거리. 마이봉이 보이기 시작

　드디어 진안의 자랑거리인 마이봉이 보이기 시작한다. 마이봉이 보이기 시작한다는 것은 진안읍도 멀지 않은 곳에 있다는 암시다. 속도를 낸다. 걸음은 화전삼거리에 이르고 마이봉은 더욱 가까이 다가선다. 마이산 도립공원이 위치한 좌측으로는 다리가 이어진다. 그쪽에 화급마을, 화전마을, 금당마을이 있는 모양이다. 표지판에 그렇게 적혀 있다. 삼거리에서 불교용품점을 끼고 우측으로 진행한다. 다시 도로 우측에 마을이 나온다. 서촌마을이다. 서촌마을에도 마을 표석과 함께 마을 유래를 알리는 안내문이 세워져 있다. 안내문에는 "서촌마을은 신라 경덕왕이 건립했다는 마이산 금당사를 중심으로 형성된 마을 중의 하나이고, 마이산에서 걸으면 30분 거리에 위치해 있다. 지금으로부터 약 300여 년 전 달성 서씨(徐氏)들이 처음으로 모여 살았기 때문에 서촌(徐村)이라 하기도 하고, 위치가 서쪽에 있기 때문에 서촌(西村)이라 부르기도 한다."라고 적혀 있다.

서촌 마을의 유래를 생각하며 걷는 사이에 어느덧 진안읍에 도착한다. 이곳 진안읍은 예전에 여러 번 왔던 곳이다. 호남정맥과 금남호남정맥을 종주할 때였다. 시가지도 낯이 익다. 그렇다고 그냥 지나갈 수는 없다. 군 청사를 둘러보고 버스 터미널 쪽으로도 가본다. 이곳은 도로 확장 공사가 한창이다. 볼일을 보러 터미널에 들렀다가 신기한 것을 발견한다. 한 칸의 화장실 공간에 두 개의 변기가 설치된 것이다. 두 개의 변기? 여러 궁금증을 자아낸다. 화장실 공간이 부족해서일까? 아니면 가족이 함께 사용하도록 배려하기 위해서? 아닐 것이다. 아무리 가족이라도 대변을 마주 보며 볼 수는 없을 것이다. 궁금증은 숙제로 남겨야 할 것 같다. 암튼 신기하다. 이런 화장실이 전국에서 이곳 말고 또 있을까?

진안버스터미널에 있는 신기한 화장실. 변기가 두 개

진안읍에서 약간의 지체를 했다. 이젠 무주를 향한 발걸음을 서둘러야 한다. 무주로 향하는 도로는 버스터미널 쪽으로 향한 도로가 아니고 진안의료원이 있는 곳으로 이어지는 도로다. 역시 30번 일반국도이다. 먼저 캔틸레버교를 통과한다. 그 우측은 하천이다. 하천이 깨끗하지 못하다. 하천으로서의 역할을 제대로 하지 못하고 있다. 학천2동을 통과하고 도로 좌측에 있는 진안군 의료원을 지나간다. 우측에는 농협 하나로마트가 있다. 하나로마트에서 빵과 우유를 사서 간단히 아침식사를 해결한다. 도로를 달리는 무진장 버스를 자주 볼 수가 있다. 무진장여객은 무주군, 진안군, 장수군을 연고로 하는 농어촌버스 회사로 각 지역의 앞글자를 따서 이름을 지었다.

이곳에서는 갓길 걷기가 비교적 용이하다. 차량도 뜸할 뿐만 아니라 도로가 상대적으로 넓어서다. 신흥교차로를 통과하고 20여 분을 더 진행하니 운산교차로가 나온다. 이어서 하도교차로를 통과하니 도로 우측으로 상도치, 하도치 마을이 나온다. 산기슭에서 예초기 소리가 들려오고 그 아래 도로변에는 어김없이 자동차가 주차되어 있다. 주말을 맞아 벌초하러 온 차량이다. 벌초를 생각하니 자동적으로 벌초하는 사람, 예초기 싣고 달리는 차량의 모습이 떠오른다. 나의 고민거리이기도 하기 때문이다. 아마도 오늘 전국에서는 벌초하는 사람들로 곳곳이 만원일 것이다. 그런 벌초는 도대체 언제부터 시작되었을까? 잘은 모르겠으나 아마도 우리나라에 유교가 전파되면서 벌초를 하는 관습도 같이 들어온 것이 아닐까 추측된다. 실제 성리학이 주된 사상이었던 조선 시대에는 조상님들 묘에 잡풀이 무성하게 자라도록 놔두면 불효라고 생각했다. 벌초도 조상을 숭배하는 하나의 방식일 것이다. 벌초는 1년에 봄, 가을 2번 한다고 하는데 나는 1회로 그친다. 봄에는 한식, 가을에는 추석 때 벌초를 한다. 벌초의 대상은 부모와 조부모까지 하는 것이 보통이지만 선산에 모셔진 조상님들은 전부 다 하게 된다. 벌초를 해야 할 위치에 있는 사람은 벌초 때가 되면 고역일 것이다. 미풍양속으로도 생각되고 있는 벌초는 대개 장남이나 부모 유산을 물려받은 사람이 한다. 경우에 따라서는 고향이나 고향 근처에 사는 후손들이 하거나 외지에 있는 후손들이 찾아와서 하기도 한다. 벌초 얘기를 하다 보니 생각나는 게 있다. '분묘기지권'이다. 분묘기지권은 토지소유자가 아니면서 일정한 토지 위에 조상의 묘를 둔 사람은 그 토지에 묘를 계속해서 둘 수 있는 권리를 말한다. 지상권과 비슷한 관습법상의 권리이다. 그런데 이게 약간의 문제가 있다. 한 번 취득한 권리는 영원하다는 것이다. 지금 우리나라는 좁은 땅덩어리에 묘지가 2,000만 기 이상이나 된다. 매년 여의도만 한 면적이 묘지로 잠식되고 있다고 한다. 생산을 위한 공장 부지보다도 죽은 사람을 위한 땅 면적이 더 늘고 있는 것이다. 미풍양속은 유지하되 시대에 맞춰 개선할 것은 과감하게 고쳐야 할 것이다.

수동터널 입구

다시 송대교차로를 통과하고 연속으로 운산교차로를 지난다. 도로 우측에는 운동시설이 설치된 공원이 조성되어 있고, 역시 우측에 용담호 자연생태습지원이 나온다. 습지원에 이어 광활한 용담호가 전개된다. 용담호를 바라보면서 걷게 된다. 모처럼 함께 걷는 이가 생긴 것이다. 좌측에 원수동마을이 나오더니 바로 수동터널이 시작된다. 길이가 1,350미터인 수동터널을 통과하니 금지교차로가 나오고 이어서 도로 우측에 배넘실마을이 한눈에 들어온다. 배넘실마을? 마을 이름이 정겹다. 무슨 유래가 있을 듯하다. 유래는 모르겠으나 얼마 전에 어떤 기사를 읽은 기억이 있다. 배넘실마을이 진안의 새로운 명물로 등장했다는 것이다. 이곳 배넘실마을의 '유채꽃잔치'가 그 주인공이다. 배넘실마을의 월포대교 아래 5만여 평이 유채밭으로 조성되었는데, 봄이 되면 유채꽃 축제가 열리고 8월부터는 거대한 해바라기 꽃밭으로 변신하게 된다는 것이다. 이걸 보기 위해 인근에서 찾아오는 관광객들로 대성황을 이룬다고 한다. 진안의 새로운 관광명소가 탄생한 것이다.

진행하는 도로 우측 아래에는 무슨 별장과 같은 주택들이 여유롭게 자리 잡고 있고, 그 너머에는 용담호가 계속 이어지고 있다. 이어서 긴 월포대교 위를 걷는다. 월포대교를 통과하니 도로 좌측에 상전면 망향의 광장이 나온다. 망향의 광장은 용담댐 건설로 고향을 등진 실향민들의 한을 달래기 위해 조성되었다. 먼 발치에서 망향의 광장을 주시하다가 대구평마을을 지나니 이번에는 용평대교가 이어진다. 상전면에 이어 안천면에 진입한다. 이번에는 길이가 440미터인 불로치 터널을 통과한다. 이젠 터널을 만나도 마냥 두렵지만은 않다. 터널 안은 시끄럽기는 하지만 잠시 더위를 식힐 수 있는 이점이 있기도 하다. 그렇지만 안전에 신경을 곤두세워야만 한다. 가급적이면 터널 통과는 피하고 싶지만 다른 방법이 없다. 앞으로도 몇 개의 터널이 더 계속될 텐데 염려된다.

안천면 행정표지판과 함께 불로치터널이 시작된다

시간은 점심때를 넘겼다. 몹시 배가 고프지만 마땅한 식당이 보이지가 않는다. 괴정교차로를 지나고 괴정마을에 이르러 드디어 식당이 나타난다. 진행하는 도로 좌측에 있는 '청송추어탕'이다. 손님이 바글바글하다. 알고 보니 벌초 때문이다. 주말을 맞아 벌초를 마친 사람들이 일시에 이 식당을 찾은 것이다. 빈자리가 없어 잠시 기다렸다가 순서가 되어서야 자리를 잡을 수가 있다. 추어탕 마지막 국물 한 방울까지 다 마시고 자판기 커피로 입가심을 한 후 식당문을 나선다.

다시 13번 도로 진무로에 선다. 교차로가 계속 이어진다. 이번에는 노성교차로를 지나고 노채마을에 이른다. 도로변에 노채마을 포도직판장이 있다. 안천 길거리장터를 지나니 우측에는 안천면 스포츠파크가 자리잡고 있다. 공원 같은 넓은 터에 수십 개의 몽골텐트와 각종 운동시설이 설치되어 있다. 앞에서는 부부로 보이는 두 분의 장년이 씩씩하게 걸어오고 있다. 그냥 걷는 게 아닌 것 같다. 걸음 속도가 빠르고 복장이 다르다. 내가 먼저 인사하니 기다렸다는 듯이 반갑게 받아준다.

"안녕하세요?"

"안녕하세요? 국토종단 하시나 봐요. 어디까지 가세요?"

"네. 강원도 고성 통일전망대까지 갑니다."

"와! 통일전망대까지! 파이팅하세요"

"네. 감사합니다. 걷기 운동하시네요. 열심히 하세요"

60대 중반은 넘은 것 같은데 아주 건강해 보인다. 나도 걷기 운동의 효과를 톡톡히 보고 있는 걷기 예찬론자 중의 한 사람이다. 사실 걷기 운동은 여러 가지 이점이 있다. 걷기가 기본 체력을 유지하는 데 필요한 것은 물론이고, 마음이 복잡할 때 얽히고설킨 생각 정리에도 크게 도움이 된다. 방 안에서 아무리 용을 쓰면서 머리를 굴려도 해결되지 않던 난제들도 모든 걸 잊고 혼자서 걷기만 하면 저절로 풀리는 것 같다. 특히 노랫말이나 곡을 쓸 때가 그렇다. 나의 경우 걷기는 대부분 혼자서 하게 된다. 잡다한 것을 다 내려놓고, 모든 걸 다 비우고서 두 발만 움직여서 앞으로 나아가는 것이다. 자연스레 생각이 집중될 수밖에 없다. 갈래갈래 흐트러진 생각들이 다 바르게 정리된다. 이제는 풀리지 않는 문제가 있거나 새로운 글감 발굴이 필요할 때는 일부러 밖으로 나가기도 한다. 걸으면서 문제를 해결하기 위해서다.

연이어 도로 좌측에는 안천다목적실내구장이, 우측에는 버스 터미널이 있어 눈길을 끈다. 아마도 이곳이 안천면 소재지인 모양이다. 도로 우측에 있는 농협 하나로마트와 안천치안센터를 지난다. 다시 백화교차로를 지나 안천교차로에 이른다. 날씨는 여전히 맑은 가을날이다. 이어서 상리교차로와 율현교차로를 연속해서 지나니 장안교차로에 이르고 드디어 무주군에 진입한다. 무주군 부남면이라는 행정 표지판이 보인다. 무주는 한마디로 작지만 소리 없이 강한 땅이라고 부르고 싶다. 특별한 것이 많아서다. 무주군은 1읍 5면의 행정구역에 인구도 2만 4천여 명으로 타 시군에 비해 적은 편이다. 이런 무주군이 겨울철만 되면 매스컴의 단골 고객이 된다. 눈 덕분이다. 스키 때문이다. 전국동계체육대회가 무주에서 개최되기 때문이다.

무주는 겨울 스포츠의 메카로서만이 아니고 이에 못지않은 특산품이 있다. 무주 머루다. 머루와인도 있다. 무주는 전국 머루 생산량의 40% 정도를 차지한다고 하는데, 그럴만한 이유가 있다. 머루는 산중 계곡이 흐르는 주변에 낙엽이 많이 쌓인 비옥한 토양에서 잘 자란다고 하는데, 무주가 바로 이런 곳이기 때문이다. 무주에는 또 다른 자랑거리가 있는데 아직도 일반인들에게는 잘 알려지지 않은 것 같다. '국립태권도원'이다. 무주군 설천면 무설로에 자리 잡고 있는 국립태권도원에는 4,500석 규모의 태권도 경기장과 1,400여 명을 수용할 수 있는 태권도 연수원이 있다. 또한 태권도의 역사를 한눈에 볼 수 있는 태권도 박물관, 겨루기를 가상 체험할 수 있는 체험관, 공연장과 야외 조각공원 등이 있다. 또 무주에는 청정지역이라는 지역 특성을 살린 반딧불축제와 옛 신라와 백제의 경계관문이었다고 알려져 있는 나제통문이 있다.

장안교차로를 지나니 조금재터널이 나온다. 잠시 터널을 벗어났다가 다시 또 조금재터널이 연속된다. 두 개의 조금재 터널을 연속해서 통과하니 이번에는 여원교차로, 삼가교차로, 적상교차로가 차례로 이어진다. 적상면 사천리(성내)에 이어 가림마을 표석이 보이고 앞쪽 멀리로 무주IC 만남의 광장 대형 입간판이 보인다. 무주에 들어섰다는 실감을 하게 된다. 제3회 반딧불 농특산물대축제가 곧 열리는 모양이다. 곳곳에 현수막이 걸려 있다. 가옥교차로에 이르니 비로소 내일이면 들어서게 될 영동을 알리는 표지판이 보이기 시작한다. 도로 우측은 평촌마을이다. 대형 마을 표석이 도로변에 서 있다. 20여 분을 더 가니 또 터널이 나온다. 길이가 385미터로 비교적 짧은 싸리재터널이다. 터널을 빠져나오니 당산교차로에 이른다. 도롯가에는 수백 개의 대형 바람개비가 설치되어 있다. 무슨 의미인지는 잘 모르겠지만, 무주의 청정자연과 관련이 있지 않나 하는 생각을 해본다. 당산교차로에서 지금까지 걸어왔던 무주로를 버리고 좌측의 한풍루로로 발길을 돌린다. 무주시내로 들어가기 위해서다.

무주읍에 가까워올수록 고민이 깊어진다. 오늘 저녁을 보낼 숙소 때문이다. 출발 전에 확인한 인터넷 조사로는 무주에 찜질방이 있다고는 했는데 오래된 자료이고 요즘 많은 지역에서 찜질방이 사라지고 있는 추세이기 때문이다.

한풍루로를 따라 걷는다. 무주의 상징이기도 한 태권도 사진과 벽화가 나오기도 한다. 이런저런 생각으로 머리가 약간 복잡한 때에 발길은 무주읍 초입인 당산리에 이른다. 무주시내에 도착한 것이다. 시간은 어둠이 깔린 저녁(20:10). 무주시내로 향하는 발걸음 위에 무거운 어둠이 쏟아지는 것만 같다. 읍으로 들어가는 사거리 우측에 관광안내소가 있지만 불은 꺼져 있다. 인근의 가게에 들어가 물었다. 무주읍에 찜질방이 있는 곳이 어디냐고. 바로 이곳에 있다고 한다. 바로 이곳! 내가 지금 서 있는 곳에서 300미터 이내에 있다는 것이다. 이렇게 반가울 수가! 무주군에서 국민체육센터 내에 금년에 개장했다고 한다. 24시간 운영되느냐고 물었다. 그렇다고 한다. 정말 다행이다. 만사가 OK이다. 고민했던 오늘 저녁 숙소가 일거에 해결되는 순간이다. 나중에 알고 보니 내가 인터넷으로 조사한 찜질방은 수지가 안 맞아이미 폐업되고 무주군에서 군민들을 위해 새로 개장했다고 한다. 일단 찜질방을 눈으로 확인하기 위해 현장으로 달려간다.

주민이 얘기한 대로 그 자리에 당당하게 찜질방 간판을 달고 있는 시설이 보인다. '무주24시찜질방'이다. 대도시에 있는 번쩍거리는 찜질방과는 다르다. 소형이고 입구도 좁고 1층에 있다. 나에겐 아무래도 상관이 없다. 따뜻한 물로 샤워가 가능하고 잠만 잘 수 있다면 만사가 OK이다. 고민거리도 닥치면 저절로 해결되는 모양이다. 찜질방을 확인하고서 홀가분한 마음으로 저녁식사를 하기 위해 식당을 찾아 나선다.

무주시내 야경

그런데 의외다. 한풍루로를 따라 아무리 길거리를 뒤져봐도 불이 켜진 식당을 찾을 수가 없다. 상가가 모두 죽은 것 같다. 무주가 관광지라는 선입견 때문에 나의 기대치가 높았던 것일까? 아니면 일요일 저녁이라 이미 손님이 끊긴 시간대여서일까?

어렵게 불이 켜진 식당을 찾아 식사를 마치고 찜질방으로 되돌아온다. 찜질방에 돌아오니 마치 내 집에 온 기분이다. 그런데 그런 기쁨도 잠시. 다시 한 번 놀란다. 놀람과 동시에 머리가 끄덕여지기도 한다. 찜질방 시설과 운영방침을 알고서다. 뜨거운 물에 몸을 담글 수 있는 탕은 없다. 따뜻한 물로 샤워만 하고서 찜질방으로 가든지 아니면 잠을 자야 된다. 찜질방도 소형이고 몇 개 보이지 않는다. 그야말로 알뜰한 운영이다. 그도 그럴 것이 도무지 손님이 보이질 않는다. 그나마 손님이 있는 곳도 손님이 자릴 비우면 바로 전등을 꺼버릴 정도로 알뜰하게 운영을 하고 있다. 처음에는 불편함도 있었지만 이해가 간다. 손님이 별로 없는 곳에서 찜질방을 운영하기 위해서는 이런 식으로 할 수밖에 없을 것이다. 단 1명의 손님이라도 수요가 있다면 충족시키기 위해 찜질방을 개설했다는 무주군에 감사할 따름이다. 나 같은 나그네에겐 꼭 필요한 시설이기 때문이다. 이미 잠자리에 들 시간이다. 주변에 시설 종사자 외에는 손님으로 생각되는 사람은 보이지 않는다. 오늘도 이곳 찜질방에서는 내가 유일한 아니면 유이한 손님인 것 같다. 아마 맞을 것이다.

한 칸의 화장실 공간에 두 개의 변기가 설치되었던 진안 버스터미널 내 화장실은 참으로 신기했다. 그 이유가 뭘까? 아직도 궁금하다. 조금 전 당산교차로에서 본 수백 개의 대형 바람개비. 바람이 그리 많지 않음에도 쉼 없이 혼자서 돌고 있었다. 누가 보지 않아도 제 역할을 다하고 있었다. 그 의미를 알 것도 같다. 고민했던 무주에서의 잠자리, 찜질방. 내 고민을 알기라도 하는 듯 깔끔하게 단장하고 나를 기다리고 있었다. 이렇게 고마울 수가! 김셋 목사님은 오늘도 카톡으로 격려 말씀을 주셨다. 정말 고마운 분이다. 길 위의 스승으로부터 받은 숙제들이 오늘도 차곡차곡 쌓여만 간다. 반딧불이의 고장 무주에서의 하룻밤이 또 이렇게 흐른다.

👟 오늘 걸은 길

진안군 마령면 마평리 → 원동촌마을 → 화전삼거리 → 진안읍 → 진안의료원 → 운산교차로 → 수동터널 → 배넘실마을 → 월포대교 → 불로치터널 → 괴정마을 → 조금재터널 → 무주IC만남의광장 → 싸리재터널 → 무주읍
(51Km, 12시간 10분)

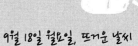

9월 18일 월요일, 뜨거운 날씨

8

여 덟 째 걸 음

무주읍에서
영동군 황간면사무소까지

무주 '알뜰표' 찜질방을 나서,

영동읍 '감나무 가로수'를 거닐다가

황간 올뱅이 국밥으로 하루를 마무리 짓다

이동경로

무주읍→ 당산삼거리→ 무주1교차로→ 압치터널→ 봉소교차로→ 학산사거리→ 영동읍→ 영동역→ 주곡회전교차로→ 하가리→ 노근리평화공원→ 황간IC→ 황간면사무소(면사무소 정자에서 야영)

북적거려야 할 월요일 아침 샤워 시간인데도 찜질방은 조용하기만 하다. 시설 종사자 외에는 아무도 보이지 않는다. 어제저녁에 나 혼자 이 찜질방을 독차지했단 말인가? 그런 것 같다. 벌써 두 번째다. 허름한 산속 찜질방이었던 영암에서도 혼자였다. 기이한 경험, 인연. 찜질방이 이상한 건지 나라는 사람이 이상해서인지?

오늘은 느긋하게 기상한다. 9시가 넘어야 우체국 업무가 시작되기 때문이다. 집으로 보내야 할 택배거리가 있다. 배낭 무게를 줄이기 위해서다. 꼭 필요한 물건 외에는 모두 보내버릴 생각이다. 국토종단 첫날 남창 우체국에서 택배를 보내고 이번이 두 번째다. 장거리 걸음에서는 몸이 가벼워야 내가 살아남을 수 있다는 것은 검증된 진리다. 나는 백두대간을 비롯한 여러 산줄기 종주를 통해 이미 수없이 경험했다.

8시 30분쯤 찜질방을 나선다. 찜질방을 나서면서 만나게 되는 무주 국민체육센터 입구에 있는 관광안내소를 미리 확인해 둔다. 안내소 직원은 아직 출근 전이다. 우체국을 찾아가기 위해서는 U대회기념교를 건너야 한다. 다리 아래로는 남대천이 흐르고 있다. 다리에 서서 남대천을 거슬러 올려다본다. 이렇게 아름다울 수가! 아침의 청량한 햇빛에 반사되는 물빛이 보석처럼 반짝반짝 빛난다. 혼자 보고 넘기기에는 너무 아깝다는 생각이 든다. 카톡에 담아 누군가에게 보냈으면 좋겠다. 가족들이 생각난다.

다리를 건너 무주군청을 향해 발길을 옮긴다. 우체국은 무주군청 맞은편에 있다. 신속하게 택배 발송을 끝내고 다시 U대회기념교를 건너 관광안내소가 있는 한풍루로로 되돌아온다. 국토종단 중에 내가 택배 발송을 한 것도 벌써 두 번째다. 이렇게 배낭의 짐들을 꺼내 집으로 보내버리는 것은 이유가 있다. 내 한 몸 편하자고 그러는 것이 아니다. 쉽게 쉽게 국토종단을 마치고 싶어서 그러는 것이 아니다. 불필요한 것을 미리 제거해서 체력에 무리가 가지 않도록 하고 그렇게 함으로써 안전하고 확실한 국토종단을 하기 위한 것이다. 이 길을 걷는 의미를 생각하면 어느 정도의 짐은 지고 걸어야 된다는 것도 알고 있다. 다시 말해서 어느 정도의 무게는 느끼면서 걸어야 된다는 것이다. 이 걸음이 심심풀이 놀이가 아니고 자기 성찰을 위한 고귀한 시간이기에 그렇다. 쉽고 편하게만 걸으면서 어찌 그걸 기대할 수 있겠는가.

관광안내소에 들러 직원에게 도움을 청한다. 영동으로 가는 길을 물었다. 직원은 기다리기라도 했다는 듯이 아주 자세하고 친절하게 알려준다. 무주군 관광지도는 물론 영동까지 이어지는 자세한 도로지도까지 준다. 날씨가 더우니 건강에 조심하라는 당부도 잊지 않는다.

500cc 생수도 냉장고에서 꺼내준다. 이렇게 고마울 수가! 관광안내소 직원이 일러준 대로 한풍루로를 따라 오른다. 당산삼거리를 지나니 무주1교차로가 나온다. 교차로에는 좌우로 고가도로가 이어지고 있다. 이곳에서 영동은 좌측으로 진행해야 한다. 교차로 교통표지판에도 그렇게 표시되어 있다. 오늘은 날이 뜨거울 정도다. 땀깨나 흘릴 것 같다. 칠리대교와 무주2교차로를 지나고서부터는 일반국도 19번을 따라 걷게 된다. 무주에서 영동까지 26킬로미터라는 표지판이 나온다. 6시간 후면 영동에 도착할 것 같다.

영동군 화산면이 시작되는 국도

마을이 보이지 않는 막막한 도로를 걷게 된다. 아쉬움이 크다. 마을도, 마을 표석도, 그 흔한 들녘조차도 보지 못하고 아스팔트 덩어리와 도로 주변의 숲, 그리고 하늘만 보면서 걷게 될 것 같다. 터널이 나온다. 길이가 480미터인 압치터널이다. 생각했던 대로 갈수록 아쉬움이 커진다. 국도만을 따라 걷다보니 아기자기한 마을들을 볼 수가 없어서다. 불행 중 다행일까? 도로변 감나무에는 감이 주렁주렁 열려있다. 개인 소유의 감이 아닌 것 같아서 몇 개를 따서 맛을 본다. 많이 떫다. '이왕이면 단감나무를 심었더라면 좋았을 텐데' 하는 혼자만의 생각을 해본다. 그나저나 도로변에 무슨 감이 이렇게 많이….

그런데 어느새 영동군에 진입한 것 같다. '충북 영동군 학산면'이라는 교통표지판이 보인다. 영동군은 충청북도 남단에 있는 군이다. 경상북도·전라북도와 맞닿아 있다. 1읍 10면의 행정구역에 인구는 총 5만여 명으로 농촌 지역 군으로는 비교적 많은 편이다. 영동은 과일의 고장, 국악의 고장으로도 알려져 있다. 포도, 감 등 과일이 풍부하고, 조선조 초기의 천재적인 음악가인 난계 박연이 이곳에서 태어났다. 영동에도 유명한 여름철 휴양지가 있다. 물한계곡이다. 상촌면 물한리에 있는 물한계곡은 물이 차서 '한천'이라는 이름이 붙었을 정도다.

확실히 어제보다는 발걸음이 무겁다. 피로가 누적된 탓일까? 걸음 속도도 느려지고 자주 해찰을 부리게 된다. 이어지는 곳은 봉소교차로. 이곳에서도 영동을 향하는 길은 계속 직진이다. 똑같은 풍경이 반복되던 지루한 걸음도 비로소 끝을 보이기 시작한다. 압치마을을 지나니 봉산교차로가 나오고 도로 우측에 삼정마을이 있다. 다시 학산사거리를 지나고 연이어 묵정교차로와 괴목교차로를 지나니 드디어 영동읍에 도착한다. 바로 영동 기차역을 찾아 나선다. 그곳에 관광안내소가 있고 황간으로 가는 도로가 그곳에서 이어지기 때문이다.

감나무가 가로수인 영동시내

영동 시가지를 걸으면서 또 한 번 놀라게 된다. 감나무 때문이다. 시내 도로변은 온통 감 천지다. 가로수가 감나무인 것이다. 감나무에 는 노랗게 익어가는 감들이 주렁주렁 매달려 있다. 일부는 땅바닥에 떨어져 있기도 하다. 그런데 지나가는 사람 누구도 노랗게 익어가는 감을 보고서도 신기해하지 않는 것 같다. 떨어진 감에도 관심이 없다.

시내 곳곳에서는 '국악과 과일의 고장 레인보우 영동'이라고 적힌 현 수막을 어렵잖게 볼 수가 있다. 영동이 국악과 과일의 고장? 또 레인 보우 영동은 무슨 의미일까? 영동 기차역에 이르러 바로 옆에 있는 관 광안내소를 먼저 찾았다. 관광안내소 직원에게 무주 안내소에서와 같 은 질문으로 도움을 청했다. 이곳 안내소 직원 역시 정말 친절하게 설 명해 준다. 안내원은 설명을 귀담아듣는 나에게 생수는 물론 커피까 지 주신다. 또 내가 궁금해했던 레인보우 영동에 대해서도 자신의 견 해를 차분하게 전해준다. 레인보우 영동은 여러 색깔이 한곳에 모이 면 아름다운 무지개가 되는 것처럼, 다양한 프로그램으로 사각지대

없이 사회구성원 모두가 보호받는 아름다운 영동을 의미한다고 한다. 국악과 과일의 고장은 내가 이해하고 있는 것과 같은 대답을 해주신다. 영동이 국악의 고장이라고 하는 것은 우리나라 3대 악성 중의 한 사람인 난계 박연이 이곳 영동군 심천면 고당리에서 태어났기 때문이다. 박연은 조선조 초기의 문신으로 천재적인 음악가였다. 관습도감 제조로 있는 동안에 작곡, 연주뿐만 아니라 악기의 제작, 음악 이론의 연구와 조율 그리고 궁정음악의 정립과 혁신 등 음악에 관계되는 모든 분야에서 뛰어난 업적을 남겼다. 과일의 고장이라는 것도 충분히 이해가 간다. 영동에서는 감과 포도를 쉽게 볼 수가 있다. 감은 시가지 가로수가 감나무일 정도로 많고 근처 대단지 비닐하우스는 전부 포도밭이라고 해도 과언이 아닐 정도다. 안내소를 나오면서 안내소 직원에게 마지막 질문을 했다. 시내에 무슨 감나무가 그렇게 많냐고. 직원은 이것도 웃으면서 자세히 설명해 주신다. 영동군에서는 가로수로 감나무를 지정하여 심었다고 한다. 감나무를 심을 때는 그 앞에 거주하는 주민에게 5,000원씩을 받았다고 한다. 대신 감나무 관리권을 주었고, 그래서 감나무 주인은 5,000원을 낸 주민이라고 한다. 그리고 해마다 감이 익으면 10월에 감 축제를 하면서 일제히 수확을 한다고 한다. 듣고 보니 멋진 아이디어이고 멋진 축제가 될 것이란 생각이 든다. 다른 지역도 그 지역에 적합한 과수를 가로수로 심으면 어떨까 하는 생각을 해본다.

오늘은 황간까지 갈 생각이다. 안내소 직원이 가르쳐준 계산로를 따른다. '영동 난계국악축제'를 알리는 현수막이 또 보인다. 영동역과 영동중고등학교를 지나 김천행 4번 도로를 따라 걷는다. 계속 더운 날씨에 내의는 이미 땀으로 다 젖었다. 영동시외버스공용터미널을 지나고

농산물관리원영동사무소, 재궁골경로당을 거쳐 주곡회전교차로에 이른다. 관광안내소 직원은 이곳에서 주의를 하라고 했다. 이곳 교차로에서 김천 방향인 좌측의 영동 황간로를 따르라고 했다. 신도로와 구도로 중에서 구도로를 택하라는 말이다. 도롯가에는 포도와 감나무들이 대부분이다. 대형 비닐하우스는 대부분 포도밭이라고 보면 틀림이 없다. 들녘 전체가 과수원이라고 해도 될 것 같다. 영동 포도는 이미 전국적인 지명도를 가진 이 지역 특산물이다. 영동은 전국 최대면적을 자랑하는 포도주산지로 전국 생산량의 12.8%를 차지하고 있다. 생산량뿐만 아니라 품질에 있어서도 최고라고 한다. 그 이유가 있다. 영동군은 소백산맥 추풍령 자락에 위치하고 있어 밤낮의 일교차가 크고 일조량이 풍부해서 그렇다는 것이다.

가도 가도 감나무와 포도밭이 전개되는 비슷한 풍경이 연속된다. 도로 우측에는 주곡천이 흐르고 있고, 좌측에는 경부선 철도가 이어지고 있다. 이어서 주곡리 마을이 나오고 주곡교를 지나니 관광안내소 직원이 말한 대로 우측에 '와인코리아' 시설이 보인다. 와인코리아는 현재 한국에서 유일한 와이너리(포도주를 만드는 양조장)로서, 포도 재배에서부터 정통 고급와인을 직접 생산하고 있다고 한다. 이어서 군부대도 나온다. 영동군 예비군훈련장이다. 하가리 마을을 지나니 도로 좌측에 '에덴동산'이라는 대형 표석이 보인다. 표석 뒤에는 음식점으로 보이는 상가 시설이 있고 그 앞에는 많은 옹기들이 놓여 있다. 도로 우측에 있는 하가교를 확인하고 진행하니 이어서 좌측에 주유소도 보인다.

주곡회전교차로. 이곳에서 좌측 김천 방향으로

　따스한 햇살이 중단 없이 내리쬐는 가을날의 오후다. 그늘 없이 끝을 모르고 이어지는 영동황간로. 그 길을 홀로 걷고 있는 나. 힘들어할 법도 하건만 전혀 힘들지 않음이 오히려 이상하다. 길 위에 서면 언제나 즐겁다. 새로움을 느낀다. 오늘 이곳에서도 마찬가지다. 보는 것, 듣는 것이 있어서일 것이다. 목표가 있어서 그럴 것이다. 바쁜 와중에도 이번에 서둘러 국토종단을 시작하기를 참 잘했다는 생각을 또 하게 된다.

　계속 구도로를 따라 걷는다. 우측에 중가리 마을이 나온다. 좌측에는 계속해서 경부선 기찻길이 따라오고 있다. 하가리는 영동읍에 속하고 상가리는 황간면에 속한다고 한다. 그 가운데에 중가리가 자리잡고 있다. 같은 길은 계속해서 이어지고, 한참 만에 신탄삼거리에 이른다. 나도 모르는 새에 황간면에 진입한 것이다. 이곳에서 우측 길은 신탄리로 빠지는 길이다. 신탄삼거리에서 직진으로 계속 간다.

우측에 있는 노근리평화공원에 이르러 잠시 휴식을 취한다. 피로해서가 아니다. 이곳이 그 슬픈 사연을 간직하고 있는 '노근리'라는 사실을 알고서 저절로 걸음이 멈춰진 것이다. 노근리평화공원은 과거 노근리사건으로 인하여 억울하게 희생된 영령들의 넋과 유족들의 아픈 상처를 위로하기 위하여 조성되었다. 노근리 사건은 6·25전쟁 발발 직후인 1950년 7월 25일부터 7월 29일까지 황간면 노근리 경부선 철로 일대에서 발생한 사건이다. 철도 아래와 터널, 속칭 쌍굴다리 속에 피신하고 있던 인근 마을 주민 수백 명이 무차별 살해당한 사건이다. 그동안 잊고 있었던 아픈 역사의 현장을 지금 내가 지나고 있다.

노근리평화공원에 이어 좌측에는 노근리 마을이 자리 잡고 있다는 걸 확인한다. 노근리 마을을 저리 두고 그냥 지나는 게 영 마음이 편치 않다. 노근리 사건이 머릿속을 어지럽힌다. 노근리에 이어 안화리를 지나 황간 IC에 이른다. 황간 IC를 지나니 황간삼거리에 이르고, 옥포삼거리를 지나 황간교 삼거리에 이른다. 황간교 아래는 초강천이 흐르고 있다. 그런데 이곳 황간교삼거리는 2015년 12월 9일 내가 백두대간 11구간을 종주할 때 이미 들렀던 곳이다. 황간교삼거리에서 좌측의 황간면사무소로 향하기 전에 잠시 황간 버스터미널에 들르기로 한다. 옛 추억을 되살려보기 위해서다. 그때 그대로다. 그때는 고속버스를 타고 내려오다가 고속도로상에 있는 정류장에서 하차하여 어렵게 이곳을 찾아왔던 기억이 있다.

황간교삼거리에서 다리를 건넌다. 이 도로는 상주로 이어지는 도로이다. 주변은 이미 어둠이 깔렸다. 잠시 후에는 도로 좌측에 있는 황간면사무소에 이른다(19:30). 날이 많이 저물었다. 오늘은 이곳에서 발걸음을 멈추기로 한다.

"여행자가 되면 마음이 넓어지고, 생각은 깊어진다."라는 말이 있다. 진정한 여행자라면 그래야 될 것이다. 나는 지금 그런 여행을 하고 있는 것일까? 길 잇기에 연연하는 것은 아닌가? 시간 맞추기에 급급하고 있는 것은 아닌가? 자꾸만 조급해지는 것은 왜일까?

이제 잠잘 곳을 찾아야 한다. 그런데 너무나 쉽게 텐트를 칠 수 있는 정자가 발견된다. 황간면사무소 울타리 내 우측 모퉁이에 육각 정자가 있다. 오늘은 이곳에 텐트를 치기로 한다. 주변을 살펴본다. 면사무소 맞은편에 주민 문화센터 건물이 있다. 문화센터에 있는 화장실도 마음대로 이용할 수 있다. 숙박지로는 최적의 조건이다. 이젠 저녁 식사만 마치면 오늘 일정은 끝난다.

오늘은 왠지 맛있는 것을 먹고 싶다. 이곳 주민에게 물었다. 이곳에서 가장 잘하는 음식점이 어디 있느냐고. 저 너머에 있는 올뱅이국밥이라고 한다. 바로 찾아간다. 도로변에 쭈욱 올뱅이국밥집이 줄을 잇고 있다. 그중에서 가장 역사가 오래되었다는 원조 국밥집을 찾아갔다. 3대 60년의 전통을 가졌고, TV에도 방영된 집이다. 넓지 않은 공간에 손님이 바글바글하다. 손님들 모습만으로도 음식은 맛있을 것 같다. 배가 고픈 탓일까? 최고의 맛이었다.

식사를 마치고 황간면사무소 내 정자로 돌아왔을 때까지 면사무소는 대낮처럼 불이 켜져 있다. 아직까지도 야근을 하고 있는 것이다. 저분들이 퇴근을 하고 면사무소 불이 꺼져야만 텐트를 칠 수 있을 텐데….

밤 10시가 넘어서까지 면사무소 불은 꺼지지 않았다. 밤이 되니 추워지기 시작하고 더 이상 기다릴 수 없어 그냥 텐트 설치를 강행한다.

오늘 나에게 친절을 베푼 무주와 영동 관광안내소 직원이 생각난다. 지리 정보를 안내하는 태도, 그들의 위치에서 할 수 있는 정성을 다하는 모습이 나를 감동시켰다. 그렇게 친절할 수가 없었다. 오늘의 스승은 그들이었다고 감히 말할 수 있겠다. 이렇게 무주에서 출발, 영동을 거쳐 황간에 이른 국토종단 8일째의 뜨거웠던 가을날 하루가 무사히 막을 내린다.

🥾 오늘 걸은 길

무주읍 → 당산삼거리 → 무주1교차로 → 압치터널 → 봉소교차로 → 학산사거리 → 영동읍 → 영동역 → 주곡회전교차로 → 하가리 → 노근리평화공원 → 황간IC → 황간면사무소(42Km, 9시간 50분)

9월 19일 화요일, 구름 낀 흐린 날씨

9

아 홉 째 걸 음

영동군 황간면사무소에서
상주시 무양동까지

수봉재를 넘어 상주 모동으로,

내서면 낙서리에서 정감 어린 민생현장을 목격하고

상주 중앙공원에 텐트를 치다

이동경로

황간면사무소→ 황간중학교→ 우매삼거리→ 상주시 모동면 수봉재 → 신천삼거리→ 낙서리→ 신촌1리→ 내서삼거리→ 상주시내(중앙공원 정자에서 야영)

새벽 4시에 기상. 피로해서인지 도중에 한 번도 깨지 않고 푹 잤다. 간단히 아침 요기를 하고 6시 이전에 텐트 철거를 완료한다. 텐트 철거 완료 시점을 6시로 하는 이유가 있다. 두 가지다. 첫째는 주민들이 공동으로 이용하는 시설에 외지인의 텐트가 설치되어 있는 모습을 주민들에게 보여주고 싶지 않아서이고, 또 하나는 아침 6시쯤이 장거리 도보 여행의 가장 적절한 출발 시점이라고 생각되기 때문이다. 가장 적절한 출발 시점이란 가장 빠르면서도 주변 관찰이 가능한 시간을 말한다. 그냥 내 생각이다.

황간면사무소 내 정자에서 야영

하늘엔 구름이 잔뜩 끼어 있다. 낮게 내려앉은 구름이 금방이라도 비를 쏟아 놓을 기세다. 어쩌면 종일 이런 날씨가 계속 이어질 것 같다. 오늘은 수봉재, 낙서리를 거쳐 상주까지 걸을 생각이다.

아침 6시가 되자 바로 출발한다. 황간면사무소에서 50미터쯤 나서면 대로에 이른다. 국가지원지방도 49번 도로이다. 황간동로라고도 부른다. 상주로 향하는 도로다. 황간동로를 따라 한 블럭쯤 지나니 도로 좌측에 바로 황간중학교가 보인다. 다시 한 블럭쯤 더 지나니 남성사거리에 이른다. 이곳 사거리에서 우측으로 가면 황간고등학교가 나오는데, 국토종단길은 사거리에서 직진이다.

주변이 이렇게 신선할 수가! 좌우에 보이는 수목들도, 풀숲에 숨어 모퉁이만 내밀고 있는 모난 돌멩이들도, 흐름 없이 멈춰있는 아침 공기들도 모두 순박하고 청량하다. 차량도 사람도 보이지 않고 바람 소리마저도 멈춰 있다. 이른 아침이어서일까? 도로 좌측에 있는 주유소를 지난다. 시간이 흘러도 걷고 있는 도로의 생김새나 주변 환경은 여전하다. 정적 속에 발걸음만 앞으로 나아가는 것 같다.

이어지는 난곡교를 지나니 도로 우측에 난곡리가 1.5킬로미터 지점에 있다고 알리는 마을 표석이 나타난다. 이곳은 도로 주변에 돈이 주렁주렁 열려 있다. 사과, 감, 포도, 복숭아, 대추가 지천에 널려 있다. 모두가 돈이다. 풍성하게 돈이 열린 사과밭도 보인다. 사실 이곳 황간이 조선 시대에는 대단한 곳이었다고 한다. 황간은 소백산맥의 서쪽 사면을 차지하여 사방이 산지로 둘러싸인 산간분지에 자리 잡고 있는데, 당시에 이 지역은 경상도와 충청도를 연결하는 교통의 요지였다. 황간에서 추풍령을 넘어 성주·개령과 연결되었고, 오도치를 지나면 상주에 이르게 되고 정치를 지나 청산과 종치를 넘어 영동에 이르는 도로가 발달했었다.

황간면 우매삼거리

상주시 모동면이 시작되는 수봉재 정상

도로 우측에 소난곡리유래비가 세워져 있다. 소난곡리유래비를 지나 15분 정도를 더 진행하니 우매삼거리에 이른다. 삼거리에는 상주, 모동으로 향하는 도로표지판이 세워져 있다. 이곳 좌측에는 백화산과 월류봉이 있고 상주, 모동은 우측 방향이다. 상주를 향해 우측으로 진행한다. 잠시 후에 우매교를 통과하게 되고, 이곳에서부터 긴 오르막이 시작된다. 한참 오른 끝에 수봉재 정상에 이른다. 수봉재는 영동군 황간과 상주시 모동을 잇는 잿등이다.

오르막이 끝났다고 생각하니 다리에 절로 힘이 난다. 이곳에서부터는 상주시 모동면이 시작된다. 수봉재 정상에는 상주 상맥회에서 세운 수봉재 표석이 세워져 있다. 표석에는 수봉재에 대한 내력이 새겨져 있지만, 너무 오래되어 글씨를 알아볼 수가 없을 정도다. 많이 아쉽다.

상주시 모동면은 상주시청으로부터 서남쪽 30km 지점에 위치하고 있는데, 공성면과 함께 상주의 가장 아래쪽에 있다. 그리고 모동면 아래에는 충청북도 영동군 황간면과 추풍령면이 접해 있다. 또 모동면은 서북쪽으로 백화산, 남으로 지장산, 동으로 백학산에 둘러싸여 형성된 산간분지로 비옥한 토질과 일교차가 심하여 과수 재배에 적합한 지역이다. 어찌 보면 상주시 전역이 그렇다. 상주시는 역사와 전통이 깊은 지역이면서 과수 등 농업이 발달하기에 적합한 지역이다. 사실 상주를 제대로 이해하려면 삼한시대로 거슬러 올라가야 한다. 상주는 예로부터 낙동강을 중심으로 농경문화가 발달한 곳이다. 산자수려하고 오곡이 풍성하며 민심이 순후한 고장으로 알려져 있다. 삼백(三白)의 고장이라는 말을 들어봤을 거다. 쌀·곶감·명주가 지역 특산물로 유명한 이곳 상주를 말한다. 특히 곶감은 전국 생산량의 60% 이상을 상주에서 생산하고 있다. 상주 곶감과 관련해서 재미난 글을 읽은 적이 있다. 상주시는 감 깎는 계절이면 온 도시가 빨갛게 물든다고 한다. 집집마다 수천 개에서 수만 개에 이르는 깎은 감이 걸려있다는 것이다. 남장동과 외남면 소은리 일원은 곶감 특구로 지정되었고, 감 깎는 계절인 10월 중순부터 11월 중순 사이에는 거리가 한산하다고 한다. 경로당이나 노인회관 등에서 소일하던 70~80대 할머니들도 곶감 농가로 몰린다고 하며, 심지어 감 깎는 철이 되면 손님이 크게 줄어 아예 택시를 세워놓고 곶감 덕장에서 일하는 택시 운전사도 많다고 한다. 이런 삼백의 고장 상주가 요즘은 '삼백'에 자전거 은륜을 더해 '사백(四白)의 고장'으로 알려지고 있다. 출퇴근 시간이면 시가지 곳곳이 은륜의 물결로 넘쳐나는 '자전거 천국'인 것이다. 인구 10만4000여 명에 자전거 보유 대수가 8만5000여 대로 가구당 2대 정도라니 충분히 이해가 갈 것이다.

수봉재에서 내려간다. 수봉쉼터를 거쳐 수봉1리에 이른다. 마을회관이 나타난다. 계속해서 국가지원지방도 49번을 따라 걷는다. 국가지원지방도는 줄여서 국지도라고도 부르는데, 지방도 중에서 주요 도시, 공항, 항만, 산업단지, 주요 도서, 관광지 등 주요 교통유발시설 지역을 연결하는 지방도를 말한다. 고속국도와 일반국도로 이루어진 국가 기간도로망을 보조하는 도로인 것이다.

49번 도로는 한참 이어지고 신천2리 마을회관도 지난다. 마을회관을 지나 조금 더 진행하니 도로 우측에 중모초등학교가 있다고 알리는 표지판이 나온다. 중모초등학교를 확인하고 계속 진행하니 잠시 후에 신천삼거리에 이른다. 삼거리에서 직진하니 치운교를 지나게 된다. 치운교 아래로는 반계천이 흐르고 있다. 모동을 지나 덕곡1리에 이르니 주변은 포도밭 천지다. 한참을 걷다 보니 내서면 낙서리에 이른다. 이곳 낙서리도 과거에 버스를 타고 지나간 적이 있다. 2016년 2월 5일 백두대간 14구간을 종주할 때였다. 그때 그 땅을 이렇게 도보로 찾아와 서게 되니 감회가 새롭다. 시장기가 든다. 그러고 보니 새벽에 간단한 요기를 한 후 지금까지 아무것도 먹지 못했다. 식당부터 찾아봐야겠다.

낙서리 나드리식당

허름한 2층 건물 1층에 나드리식당이라는 간판이 보인다. 그 앞에는 공사 자재가 가득 실린 트럭들이 주차되어 있다. 식당 입구에는 어지럽게 벗어놓은 신발들이 가득하고 홀에는 식사 손님들이 바글바글하다. 알고 보니 식당 손님 대부분은 이 근방 도로공사에 참여하고 있는 일꾼들이다. 농협 직원도 보인다. 이 근방에 농협이 있는 모양이다. 해남 땅끝에서 이곳까지 오면서 느낀 게 있다. 도시는 쇠락해가지만 영동 황간, 상주 등의 일부 농촌은 비교적 윤택하다는 느낌을 받았다. 포도, 사과 등의 과일 때문이 아닐까? 어수선한 식당에서 일꾼들 틈에 끼어 점심식사로 된장찌개를 맛있게 먹고 다시 출발한다.

도로 우측으로 낙서정류소가 나오고 좀 더 진행하니 도로 좌측에 내서우체국이 나온다. 이어서 우측에 평지1리라는 표석이 나타나고 내서치안센터가 연속된다. 이어서 좌측 위쪽으로 내서면 복지회관이 보인다. 화장실 용무가 급해서 발길을 돌려 복지회관이 있는 곳으로 올라간다. 문이 잠겨 있다. 평일인데 왜일까? 당분간 참아야 할 것 같다. 도로로 다시 내려와 가던 길을 계속 간다. 이번에는 우측에 평지2리가 나오고 새로운 수종의 가로수를 발견한다. 은행나무다. 그 흔한 은행나무가 이곳에서 보게 되니 새로운 느낌으로 다가선다. 가로수도 지역마다 수종이 다르다. 기후나 그 지역의 전통 때문일 거다. 그런데 사람들이 무심히 보고 그냥 지나치는 가로수가 알고 보면 참으로 중요한 역할을 하고 있다. 한두 가지가 아니다. 우선 가로수는 사람들에게 쾌적한 느낌을 주고 심리적 안정감을 제공한다. 뜨거운 여름에는 그늘을 주어 시원하게 하고, 추운 겨울에는 방풍 역할도 해준다. 수관의 가지와 잎이 먼지와 분진 등을 흡착하고 유해가스를 흡수하여 공기를 정화하기도 한다. 또 있다. 가로수 자체가 아름다운 선형미를 지니고 있고, 소음을 차단하여 방음효과를 내기도 한다. 그래서 가로수 수종 선택은 신중해야 할 것이다.

신촌1리 마을 표석

한참을 걷다 보니 좌측이 신촌1리라고 알리는 표석이 보이는데, 표석에 적힌 글이 가슴에 와 닿는다. '화합하고 예절을 지키는 마을'이라고 적혀 있다. 평범한 것 같지만, 시골에서는 꼭 필요한 행동요령이 아닐까 생각된다. 신촌1리에서 조금 더 가니 내서삼거리에 이른다. 삼거리에서 직진하니 어느새 도로는 일반국도 25번으로 바뀌어 있고 영남제일로를 걷고 있다. 신촌2리가 우측에 있다는 표지판을 지나 한참을 걸으니 능암리에 이른다. 이곳 역시 주변은 과수원 천지다. 도로변에 있는 주택들 앞에는 대부분 창고가 있고 트럭과 승용차가 함께 주차되어 있다. 이런 현상이 조금은 낯설어 지나가는 어르신께 물었더니 가슴에 와 닿게 설명해 준다. 이곳 주민들은 조금만 움직여도 승용차를 이용한다고. 여러 가지를 생각하게 하지만 이런 농촌 생활이라면 웬만한 도시가 부럽지 않을 것 같다. 걸으면서 요즘의 농촌을 생각하게 된다. 옛적 내가 초등학교를 다닐 때의 시골 모습과 비교도 해본다. 그야말로 격세지감, 천양지차다. 갑자기 나의 노후의 생활 모습까지 떠올리게 된다. 어떻게 될지? 어떻게 해야 할지? 이런저런 상념 속에 한발 한발 내딛다 보니 벌써 서보교에 이른다.

서보교 아래는 북천이 흐르고 있다. 계속해서 영남제일로를 따른다. 점점 상주시내에 가까이 다가선다. 한참을 걷다가 영남제일로를 버리고 우측의 중앙로로 방향을 바꾼다. 영남제일로를 따라 직진하더라도 문경으로 가는 데는 지장이 없지만, 오늘은 이곳 상주시내에서 머물 계획이기 때문이다. 또 상주시내를 둘러보고 싶어서다. 중앙로를 따라 한참을 가다가 낙양사거리에서 좌측으로 진행한다. 경상대로를 따라가는 것이다. 어느새 하루 일정을 마무리해야 하는 종착점에 이른다. 상주 종합버스터미널 근처에 도착한 것이다(16:40).

햇빛의 기운이 아직도 왕성한 비교적 이른 때에 목적지에 도착했다. 상주는 그동안 정맥과 백두대간 종주 때 여러 번 들렀던 곳이다. 그래서 이곳 종합버스터미널은 아주 낯이 익다. 그런데 목적지에 빨리 도착하다 보니 다른 생각이 든다. 지금 이런 식으로 앞만 보고 냅다 달려도 되는 건가? 하는 염려 아닌 염려 말이다. 이렇게 앞만 보고 달리려고 국토종단을 시작한 건 아니기에 말이다. 오늘만 해도 그렇다. 그저 앞만 보고 걸었다. 길만 확인하고 앞으로앞으로 나아간 것이다. 이런 식이라면 최종 목적지인 통일전망대에 도착하더라도 그저 745킬로미터를 두 발로 모두 걸었다는 증표만 남을 뿐 정작 가슴에 남아있는 것은 무엇이 있겠는가? 증표를 얻기 위해 국토종단을 시작한 건 아니다. 정말이지 이런 식이어선 곤란하다. 더 많은 대화를 해야 한다. 더 많은 것을 보고 들어야 한다. 더 많은 명상의 시간을 가져야 한다. 때론 샛길도 기웃거려야 한다. 자주 한눈도 팔아야 한다. 단순히 통일전망대까지 걸어가는 것이 목적은 아니기 때문이다. 다시 생각해야 한다. 정말 제대로 해야 한다.

이제 오늘 저녁을 보낼 정자를 찾으러 나서야 한다. 정자를 찾기 전에 내일 이어가야 할 문경으로 향하는 도로를 먼저 확인해둬야겠다. 문경으로 가는 도로는 이곳에서 경상대로를 따라 쭈욱 올라가다가 북천교사거리를 지나서 계속해서 직진하면 된다.

정자를 찾기 위해 종합버스터미널을 중심으로 주변을 샅샅이 뒤져봐도 정자 비슷한 것조차 발견할 수가 없다. 할 수 없이 시청이 있는 곳으로 내려가 주변을 살핀다. 상주시청 우측 모퉁이에 정자가 있으나 무용지물. 지붕만 있고 누울 바닥은 없는 정자다. 직원들이 그늘을 찾아 담배를 피우고 휴식을 취하는 용도인 것 같다. 근처의 상주문화회관, 상주도서관도 둘러봤으나 내가 찾는 정자는 보이지 않는다. 한참을 뒤진 끝에 중앙공원에서 정자를 발견한다. 반갑다. 정자 옆에는 최근에 새로 단장한 것으로 보이는 공중화장실도 있다. 야영지로는 적격이다. 오늘 저녁 텐트는 이곳에 치기로 한다. 고민거리였던 잠자리가 해결됐다. 한시름 놓는다. 오늘 국토종단 걸음은 이쯤에서 마치기로 한다.

땀 흘리며 시내를 헤맨 게 결코 헛수고만은 아니었다. 덕분에 중요한 역사적 사실까지 알게 되었다. 상주에 대해서는 전에도 어렴풋이 알고는 있었지만, 오늘 상주시청을 방문함으로 그 깊이를 더하게 되었다. 상주가 조선 시대에는 경상도의 정치·행정의 중심지였다는 것, 한때 군면 통폐합으로 면적이 크게 축소되기도 했으나 다시 영역이 넓어졌고, 전형적인 농촌 지역이던 상주군과 도시기능을 담당했던 상주시가 하나로 통합되어 새로운 형태의 도농통합시가 된 것들….

장시간 거리를 헤맨 탓인지 커피 생각이 간절하다. 오랜만에 커피숍에서 시원한 냉커피로 갈증을 풀고 저녁 식사를 위해 중앙공원 근처로 이동한다. 오늘 저녁은 모처럼 자장면이 먹고 싶다. 식당은 소박한 규모의 중식당. 좁은 공간에 손님이 바글바글하다. 식사 중에 놀라운 현장을 목격하게 된다. 옆 좌석에 앉은 남녀 두 고등학생의 식사 모습이다. 탕수육을 반도 먹지 않은 상태로 자리에서 일어선다. 물론 다른 음식으로 배를 채웠기에 남길 수도 있겠다. 하지만 고작 3분의 1 정도를 먹고 그대로 남기다니. 어제 영동시내에서 떨어진 감을 주워서 먹던 일이 생각난다. 돈벌이를 하지 않는 사람은, 힘들게 돈을 벌어보지 않은 사람은 돈 아까운지를 모르는 법일까? 식당 문을 나서는 마음이 왠지 개운하지가 않다.

국토종단을 시작하면서부터 알게 된 새로운 사실이 있다. 요즘의 지자체가 지역의 상징성을 부각하려 애쓰고 있다는 것이다. 해남은 '땅끝', 강진은 '다산', 영암은 '기찬', 나주는 '배', 광주는 '빛고을' '인권도시', 담양은 '메타세쿼이아', 순창은 '고추장', 임실은 '치즈', 진안은 '진안고원', 무주는 '반디랜드', 영동은 '레인보우 영동', 상주는 '삼백'을 강조하며 부각하고 있다. 이런 노력이라면 효과가 있을 것이다. 노력함이 없이 얻어지는 것이 무엇이 있겠는가.

아침나절에 난곡교를 지나면서 본 '돈 나무들'의 기억이 아직껏 생생하다. 도로 양쪽에는 탐스럽게 익어가는 사과, 감, 포도, 복숭아, 대추가 지천에 널려 있었다. 얼마 지나면 모두 현금으로 변할 것들이다. 낙서리 식당에서 본 정겨운 모습도 잊을 수가 없다. 식당 앞에는 공사자재가 가득 실린 트럭들이 주차되어 있었고, 식당 입구에는 어지럽게 벗어놓은 수많은 신발들이 그리고 식당 안에는 인근 공사장 인부들인 식사 손님들로 가득 차 있었다. 또 있다. 능암리를 지나면서 본 시골마을의 풍요로움이다. 도로변에 있는 주택들 앞에는 대부분 널찍한 창고가 있었고 트럭과 승용차가 함께 주차되어 있었다. 주민들은 조금만 움직여도 승용차를 이용한다는 귀띔까지 전해들었다. 모두가 꿈꾸며 마음속으로 바라는 그런 농촌이었다. 하루 빨리 대한민국의 모든 농촌이 이렇게 됐으면 좋겠다.

상주의 밤공기가 낮과는 다르다. 오늘 새벽녘의 황간 날씨처럼 이곳도 뭔가 수상하다. 날씨가 흐려지려 하니 내 마음도 좀 그렇다. 중앙공원을 환하게 밝히고 있는 전등 빛, 아무런 고민이 없는 듯 천연덕스럽다. 하지만 저 불빛도 영원할 순 없을 것이다. 언젠가는 스러질 것이다. 갑자기 낮에는 없던 바람이 일기 시작한다. 밤중에 뭔가 있으려나

…. 이렇게 상주에서 맞는 가을밤이 스산하게 깊어만 간다.

👞 오늘 걸은 길

황간면사무소 → 황간중학교 → 우매삼거리 → 수봉재 → 신천삼거리 → 낙서리 → 신촌1리 → 내서삼거리 → 상주시내(41Km, 10시간 20분)

10

열 째 걸 음

상주시 무양동에서
문경까지

상주터미널에서 북천교사거리를 지나,
연봉리에서 핏기 없는 현수막을 확인하고,
문경파출소에 들러 새재길을 묻다.

이동경로

상주시내→ 북천교사거리→ 상주교육지원청→ 원흥교차로→ 양정리
→ 함창→ 점촌→ 진남휴게소→ 마성파출소→ 문경버스터미널(문경
건강랜드찜질방 이용)

어제는 마을 정자를 찾느라고 상주시내를 한참 동안 헤맸었다. 간
신히 시내 구석진 곳에 위치한 중앙공원에서 정자를 발견했지만, 쉽
사리 텐트를 칠 수 없었다. 공원 인근 주민들이 저녁 늦게까지 정자를
장악, 웃음꽃을 피우고 있었기 때문이다. 이곳 주민들이 귀가할 때까
지 기다려야만 했다. 시간이 흐를수록, 가을밤이 깊어갈수록 초조해
지고 속이 타 들어갔지만 도리가 없었다. 무작정 기다리는 수밖에. 밤
열시가 가까울 무렵, 주민들이 떠난 뒤에야 겨우 정자에 텐트를 칠 수
가 있었다. 그런데 새벽 2시쯤에 비가 내렸다. 강풍을 동반한 비였기
에 정자 안에 친 텐트까지 비가 들이닥쳤다. 새벽 4시쯤 기상. 준비해
놓은 빵으로 가볍게 아침식사를 마치고 비에 젖은 텐트를 철거, 아침
일찍 출발한다. 그런데 간밤에 무슨 일이 있었는지 도로에 경찰이 쫙

깔려서 차량 통제를 하고 있다.

　밤사이 비가 내린 탓인지 아침까지도 날씨가 흐리다. 흐린 날씨는 염려하지 않는다. 오히려 걷기에 좋을 수도 있어서다. 심한 비가 내리지만 않는다면 말이다. 오늘은 함창, 점촌을 거쳐 문경까지 갈 계획이다.

　상주 종합버스터미널 쪽으로 발걸음을 옮긴다. 걷고 있는 도로는 3번 도로인 경상대로. 도로 우측에 있는 상주 종합버스터미널을 지난다. 이어서 교통표지판이 나온다. 표지판은 북상주 IC, 충주, 문경을 가리킨다. 도로 양쪽에는 1, 2층 정도의 낮은 건물들이 대부분이다. 잠시 후에 북천교사거리에 이른다. 사거리 입구에는 '상주이야기축제'를 알리는 대형 입간판이 세워져 있다.

상주시 북천교 사거리

　북천교를 지난다. 도로 좌측에 이마트, 우측에는 대구지방검찰청 상주지청이 자리 잡고 있다. 좌측에 있는 상주세무소도 눈으로 확인한다. 진행하는 도로 주변에는 농기계부품 정비센터가 많다. 상주답게 '삼백'이 들어간 상호도 자주 눈에 띈다. 가로수는 이곳도 은행나무다. 그런데 가로수가 두 줄인 셈이다. 차도 옆에는 은행나무, 인도 바깥쪽에는 감나무가 심어져 있다. 감나무에는 노란 감들이 주렁주렁 매달려 익어가고 있다. 영동에서 보던 그 감나무 종류다. 수형도 그렇고 감 생김새도 똑같다. 이곳 도로에는 넓은 보행로가 별도로 있어서 걷기에 안전하다. 상주가 넓은 지역이라서 그런지 도로에도 여유가 있는 것 같다. 그런데 이것도 잠시. 상주교육지원청을 지나면서부터는 보행로가 아닌 갓길을 이용해야만 한다.

이마트를 지나니 가로수에 감이 주렁주렁

만산사거리를 지나고 죽전교차로에 이르러 죽전1리가 우측에 있음을 역시 교통표지판을 통해 확인한다. 만산육교를 지나면서부터는 흐리던 날씨가 맑게 갠다. 오늘도 날씨는 맑음으로 마무리될 것 같다. 다시 세천교를 지난 후 원흥교차로에서는 옆 도로로 진행한다. 국도 갓길이 너무 위험해서다. 도로 좌측은 관동리다. 관동리를 알리는 표석은 소박하다. 평범한 큰 돌을 별도로 다듬지 않고 원석을 그대로 사용하였다. 소박한 돌이지만 그 안에 적힌 글씨 내용은 고급스럽다. 마을 표석에는 '그대가 있어 늘 행복합니다.'라고 적혀 있다. 더불어 살아간다는 공동체 이념을 에둘러 말한 것일 거다. 마을 주민 서로가 사랑하고 화합하자는 의미일 것이다.

이제부터는 3번국도 아래로 이어지는 일반도로를 따라 진행하게 된다. 일반도로는 국도 좌측으로 이어지다가 우측으로 이어지다가를 반복한다. 그때마다 국도를 관통하는 지하도를 통해 이동하게 된다. 하지만 조금도 불편하지가 않다. 시간은 조금 더 걸리겠지만, 오히려 재밌고 유익하다. 마을을 볼 수가 있고 마을 표석을 볼 수가 있고 과수원을 볼 수 있어서다. 어떤 곳에서는 사과가 열린 사과나무를 손으로 만지면서 걸을 수도 있다. 어디에서 이런 호사를 누릴 수 있겠는가? 사실 일반도로가 국도 좌우에 지그재그로 이어지는 것은, 그래서 도보 여행자들을 귀찮게 하는 것은 일반도로의 잘못이 아니다. 일반도로가 국도보다 먼저 생긴 것이다. 그 옛날 마을을 따라 이어지던 아기자기한 일반도로 위에 국도라는 '괴물'이 나타나 일직선으로 놓여서 그런 것이다. 산업화를 촉진한다는, 빠르고 안전한 도로망을 확충한다는, 그래서 나라를 발전시키고 국민을 행복하게 한다는 명분으로 그렇게 한 것이다.

상주시 외서면 연봉1리 마을 표석

　연봉1리에 이르러서도 풀숲에 다소곳이 자리 잡은 소박한 표석을
또 발견하게 된다. 원석을 깎아 사각기둥형으로 만든 받침대 위에 받
침대 몇 배가 되는 큰 바위를 앉혀놓고 그 바위에 글씨를 적어놓았다.
표석의 소박함에도 정이 가지만 표석에 적힌 글씨체와 그 내용을 읽다
보면 볼수록 더 정이 간다. 마치 고향에 온 기분이다. 받침대에는 '화
합'이, 받침대 위 바위에는 '내 고향 연봉1리(샛골 양지마 무지미)'라고 적
혀 있다. 음각된 글씨에 검정 페인트를 칠했는데, '연봉1리'만 따로 하
얀 페인트로 덧칠했다. '내 고향'과 '연봉1리' 그리고 '(샛골 양지마 무지미)'
는 각각 줄을 바꿔 적었다. 글씨 크기도 각각 다르다. '연봉1리'가 가장
크고 '내 고향', '(샛골 양지마 무지미)' 순이다. 무슨 생각으로 무슨 의도로
글씨 크기를 달리했을까? 무슨 의미로 '연봉1리'만 하얀 페인트로 덧칠
했을까? 괄호 안에 적은 '샛골 양지마 무지미'는 의미는 모르겠지만 보

면 볼수록 정이 가고 마음이 편안해지고 차분해진다. 내가 농촌 출신이어서 그럴까? 다른 사람들은 어떨지…

도로 좌측은 배밭이다. 연봉1리 표석을 조금 지나니 옹벽에 조그마한 현수막이 걸려있다. 핏기 없는 외로운 현수막이다. 그 현수막에는 '사드배치 결사반대'라고 적혀 있다. 작고 무표정한 현수막. 하지만 불만이 가득 차 있는 것만 같다. 지나가는 사람 누구라도 붙들고 뭔가 말하려는 것만 같다. 어찌 그냥 보고만 있을 수 있겠는가? 인근 지역에 사드가 배치됐다고 울고불고 난린데.

사드 배치 때문에 한동안 나라 안이 어수선했다. '뜨거운 감자'였다. 국론이 분열되기까지 했다. 인접국들이 두 패로 갈리기까지 했다. 우여곡절 끝에 배치 장소가 결정되고, 사드가 배치되었다. 잘한 일일까? 사드 배치로 우린 뭘 얻었을까? 잘 모르겠다. 자세한 정보가 없어서다. 우리 정부와 미국은 말했다. 사드는 증대하는 북한의 위협에 대응하기 위한 것이라고. 사드는 공격용이 아닌 방어용이라고. 북핵과 미사일에 대한 방어 차원에서 우리의 생존을 위해 당연한 일이라고. 중국은 말했다. 사드는 북한의 핵 위협으로부터 한국을 방어하기 위한 것이 아니고 중국을 견제하기 위한 무기라고. 보고만 있지 않겠다고까지 했다. 실제로 사드 배치 이후 중국은 우리에게 전방위적인 경제 보복을 했다. '한한령(限韓令)'을 내려 한류 콘텐츠와 한국 연예인 통제를 시작했고, 한국 항공사들의 전세기 운항 전면금지를 통해 춘절 연휴기간 중국 관광객의 한국 방문을 저지했다. 한류 콘텐츠의 사용은 물론 한국과의 공동제작이나 제작협력까지 금지시켰다. 사드 배치 부지를 제공했다는 이유로 우리 기업의 중국지사를 세무조사까지 했다. 누구와의 싸움인가? 우리와 북한인가, 미국과 중국의 싸움인가? 고래 싸움에 새우 등 터지는 그런 꼴이 되어서는 안 된다. 어찌 됐든, 사드는 배치됐다. 우리의 필요에 의해서, 우리의 결정으로 배치되었기를 바란다.

상주시 공검면 양정리에 있는 교통표지판

이제부터 공검면 땅을 걷게 된다. 공검면을 알리는 행정표지판이 나타난다. 행정표지판을 확인하고 6~7분을 더 가니 양정리에 이른다. 잠시 후에 널찍한 공터가 있는 삼거리에 이른다. 삼거리에는 양정버스정류소가 있고 그 맞은편에는 싱싱마트라는 슈퍼도 있다. 공터에는 몇 대의 자동차가 주차되어 있고, 그 옆에는 대형 교통표지판이 세워져 있다. 교통표지판은 알린다. 삼거리에서 좌측 400미터에 공검면사무소가 있고, 은척, 병암리, 오태리도 좌측에 위치하고 있다고. 직진으로는 함창, 역곡리, 화동리가 있다고.

성싱마트에서 음료수를 구입해 마시며 잠시 휴식을 취한 후 출발한다. 공검육교를 지나고 화동교차로에서 직진하니 '공갈못휴게소'에 이른다. 휴게소 이름이 특이하다. 그래서 알아봤다. 전국에는 이곳 말고도 여러 개의 공갈못이 있다. 전국에 분포해 있는 공갈못마다 전설이 전해 내려오고 있는데, 이곳 공갈못에 관한 전설은 대충 이렇다. 옛날에 백낙천이라는 사람이 자식 없이 살다 죽으면서 아내에게 유언을 했다. 자기가 죽으면 자신의 시체를 공갈못에 넣고 "상주 함창 공갈못에 백낙천이 날 데려가소."라고 외치면서 울라고. 아내는 남편이 시킨 대로 했다. 그런데 어느 날 나라의 태자가 태어났는데, 주먹을 쥐고 울음을 울면서 누가 달래도 절대로 그치지 않았다고 한다. 그래서 그 소문을 듣고 백낙천의 아내가 올라가 아이 앞에 서니 아이가 울음을 뚝 그쳤다고 한다. 아이의 주먹을 펴 보니 '백낙천'이라고 쓰여 있었다고 한다. 전설일 뿐이겠지만 재미난다.

공갈못휴게소를 지나 이안리를 거쳐 함창에 이른다. 함창을 지나 점촌에 이르고, 점촌 신흥시장 네거리에서 직진한다. 이미 문경시 지역에 들어선 것이다. 문경시는 경북 서북부에 위치해 있는데, 1995년에 문경군과 점촌시가 통합되어 문경시가 되었다. 통합된 문경시 때문에 과거 한동안 '문경'이란 활자를 볼 때마다 헷갈렸던 기억이 있다. 문경이란 단어가 통합 전의 문경을 말하는지, 아니면 통합 이후의 점촌 지역을 말하는지를 몰라서다. 그런 점촌에 지금 내가 들어섰다.

문경을 향하여 발걸음을 재촉한다. 진남휴게소를 지나 고가도로 아래를 통과한다. 신현리를 지나 한참을 가다가 우측에 동성초교를 확인한다. 오늘따라 하늘이 참 높다. 더 이상 맑을 수 없이 맑다. 아침부터 혼자서 걷고 있지만 전혀 지루한 줄을 모르겠다. 이런 하늘, 이런 가을볕 아래서라면 하루이고 이틀이고 백날이라도 걸을 수가 있겠다.

'걷기'는 사람에게 여러모로 좋은 것 같다. 육체적인 건강 증진은 말할 것도 없고, 복잡한 생각 정리에도 크게 도움이 되는 것 같다. 직접 체험을 통해서 그렇게 알고 있다. 뿐만 아니라 걷는 순간만큼은 고통이나 증오 같은 것을 잊고 잡다한 것들에서 해방될 수도 있다. 걷기를 예찬한 선인들이 많다. 미국 작가 헨리 데이비드 소로우는 말했다. "하루를 축복 속에 보내고 싶다면 아침에 일어나 걸어라."라고. 전적으로 수긍이 가는 말이다.

마상문화마을과 마성파출소를 지나 남호1리에 이른다. 남호1리에서 마원마을을 지나 문경온천단지를 통과하니 문경버스터미널이 코앞이다. 문경에 도착한 것이다(17:50). 문경은 예로부터 서울과 영남을 이어주던 고갯길인 문경새재로 널리 알려져 있다. 문경새재는 '새재' 혹은 '조령'이라 하는데 높이 1,017미터인 조령산을 "새도 날아서 넘어가기 힘들다."는 뜻에서 유래했다고 한다. 문경은 석탄산업의 발달과 함께 성장한 도시인데 1987년부터 시작된 정부의 석탄산업 정리 사업으로 전국 334개의 탄광이 모두 폐광되었는데, 이때 문경의 탄광들도 폐광되었다. 지금은 1999년에 개관한 가은읍의 석탄박물관만이 남아 문경의 옛 영화를 기억하게 하고 있다. 아쉬워하는 사람들이 많을 것이다. 이 석탄박물관을 한 번 방문한 적이 있다. 백두대간을 종주하면서 가은으로 하산할 때였다. 또 문경을 언급하면서 오미자를 빼놓을 수가 없다. 문경은 전국 오미자 생산량의 40%를 차지하고 있는 지역이다. 그럴만한 이유가 있다. 문경은 백두대간에서 뻗어 나온 명산들로 둘러싸여 있다. 그래서 기후, 일조량, 강수량 등 오미자를 재배하는 데 필요한 천혜의 자연조건을 모두 갖추고 있어서다. 문경 오미자는 껍질에서는 신맛, 과육은 단맛, 씨는 매운맛과 쓴맛 그리고 전체적으로는 짠맛이 난다고 한다. 그야말로 오미가 제대로 들어있는 것이다. 나는 문경 오미자차의 진수를 현지에서 맛본 적이 있다. 역시 백두대간을 종주할 때였다(2016. 6. 30). 백두대간 22구간을 마치고 차갓재에서 안생달로 하산하여 다음 구간 종주를 위하여 민박집에서 하룻밤을 보낼 때였다. 민박집 주인의 배려로 직접 생산한 오미자로 우려낸 차를 맛본 것이다. 최고의 맛이었다. 민박집 주인의 말에 의하면 문경에서는 사과 농사보다도 오미자 재배가 더 소득이 많다고 한다.

우측에 문경버스터미널이 보인다

날씨는 전형적인 가을 날씨다. 하늘이 더없이 높고 맑다. 얼마 후면 나타날 문경새재를 마음속으로 그려가며 뚜벅뚜벅 걷는다. 도로 우측에 자리 잡고 있는 문경 버스터미널을 지난다. 이곳 버스터미널은 볼 때마다 조용하기만 하다. 터미널 대기실에는 고작 한두 명의 손님만이 말없이 앉아 있을 뿐이다. 이곳 문경 터미널도 나에게는 아주 낯이 익은 곳이다. 백두대간 종주할 때나 주흘산을 산행할 때마다 이곳 터미널을 이용했었다. 그때마다 이곳 터미널은 있는 듯 없는 듯 조용하기만 했었다.

이제부터는 문경새재를 넘는 오름길 초입이 시작될 것이다. 그러나 오늘은 이곳에서 마치기로 한다. 가을 햇살이 많이 약해졌다. 내일은 문경새재를 넘어 미륵리 삼거리를 거쳐 제천 수산면까지 갈 계획이다.

문경새재 길은 아주 오래전에 한 번 오른 적이 있지만 기억이 가물가물하다. 너무 오래전의 일이어서다. 해가 지려면 아직 시간이 남아 있기에 이곳 문경파출소에 들러 새재 오름길을 한 번 더 확인하기로 한다. 파출소는 문경읍사무소 위에 자리 잡고 있다. 파출소에 들어선 순간 모든 경찰관들의 시선이 내게로 집중된다. 그중의 한 분에게 새재 길을 물었다. 역시 친절한 답변. 한 직원의 설명에 듣고 있던 다른 동료의 보충 설명까지 이어진다. 경찰관에게서 이렇게 호감을 느끼기도 처음이다. 조금 전까지 있었던 새재 오름길에 대한 일말의 불안감은 깨끗이 사라지고 자신감이 절로 난다. 내일 오르게 될 문경새재 길이 기다려지기까지 한다. 이제 오늘 저녁을 보낼 점촌으로 되돌아갈 일만 남았다. 그곳에 찜질방이 있어서다.

오늘도 날씨는 전형적인 가을 날씨. 걷기에 최적이었다. 외서면 연봉 1리를 지날 때 본 옹벽 위에 외롭게 걸려있던 조그마한 현수막이 아직도 눈에 어른거린다. '사드배치 결사반대'라고 적혀 있었다. 비록 작은 외침일지라도 누구에게는 생존권이 걸린 큰 문제일 수도 있을 것이다.

오늘 만난 모든 분들, 모든 것들에 감사드린다. 찜질방이 있는 점촌으로 돌아가기 위해 문경 버스터미널로 발길을 옮긴다.

🥾 오늘 걸은 길

상주 중앙공원 → 북천교사거리 → 상주교육지원청 → 원흥교차로 → 양정리 → 함창읍 → 점촌읍 → 진남휴게소 → 마성파출소 → 문경버스터미널
(48Km, 11시간 50분)

11

열 하 나 째   걸 음

문경에서
제천시 수산면 수산리까지

문경새재를 넘고 또 넘어,

충주 땅 월악휴게소에서 절망을 삼키고,

제천 수산리 어둠 속에 여장을 풀다

이동경로

문경버스터미널→ 새재초입→ 하초리→ 1,2,3관문→ 괴산고사리마을→ 수안보면 화초리→ 월악휴게소→ 안보삼거리→ 지릅재→ 미륵리삼거리→ 덕주골→ 송계부락→ 덕산→ 제천시 수산면 수산사거리
(수산복지회관 옆 정자에서 야영)

어제는 상주에서 점촌을 거쳐 문경까지 걸었다. 문경 도착 후, 버스로 찜질방이 있는 점촌으로 되돌아가서 찜질방에서 편안한 밤을 보냈다. 그런데 이해하기 어려운 것은 점촌에서 음식점 찾기가 쉽지 않다는 것이다. 점촌 버스터미널에서 문경 건강랜드 찜질방을 향해 걸어가는 동안 음식점 간판을 찾으려고 대로 주변을 중심으로 샅샅이 뒤졌으나 허탕을 치고 간신히 골목 안에 있는 중국 음식점 하나를 발견, 자장면으로 저녁을 대신했다. 밤이어서 그랬을까? 아무튼 이상했다.

점촌에서 아침 6시에 버스로 출발, 문경에는 6시 30분에 도착. 어제 문경파출소 경찰관이 설명해준 대로 문경새재 길을 향해 국토종단 열하루째 발걸음을 시작한다(06:35).

오늘도 맑은 가을 날씨가 계속될 것 같다. 문경새재에 진입하는 도로는 완만한 오르막. 오르는 새에 그동안 도로에서 보지 못했던 수종의 가로수를 이곳에서 발견한다. 벚나무다. 그런데 오르고 올라도 새재길을 알리는 표지판은 나타나지 않는다. 문경새재의 유명세에 비해서는 조금 소홀하다는 생각. 이른 아침이라 주변에 물을 사람도 없다. 조금은 답답한 심정이지만 어제 경찰관이 일러준 정보를 믿고 그대로 오른다. 경찰관은 말했다. 가다가 이화령으로 빠지지 말고 계속해서 도로 우측으로만 가라고.

고개를 하나 넘으니 그제야 조그마한 표지판이 나타난다. 문경새재를 오르는 자전거도로임을 알리는 표지판이다. 이제 마음이 놓인다. 아는 길이지만 모처럼 갈 때는 이렇게 두렵고 조바심이 나는 모양이다. 잠시 후에 문경새재 초입에 진입한다. 초입에는 한쪽에 문경새재 표석이 있고, 대로 입구에는 도로 양 끝을 잇는 거대한 문이 세워져 있다. 지붕을 기와로 단장한 출입문은 다가서는 나를 압도한다. 앞쪽에는 '문경새재', 뒤쪽에는 '영남대로'라고 적혀 있다. 문경새재 내력을 알리는 글도 있다.

> 조선시대 영남지역에서 한양을 향하는 중요한 관문이었던 문경새재의 역사는 삼국시대까지 거슬러 올라간다. 신라 시대 초기 새재길을 사용하였다는 기록이나 후삼국 역사의 주인공들이 등장하는 설화들이 남겨진 이곳은 우리 땅에 국가가 형성된 이후부터 중요한 교통로였고 중요한 전략적 요충지였다. 문경과 괴산, 충주를 연결하는 국도가 개통된 지금은 교통로로서의 중요성은 사라졌지만 오랜 시간의 이야기를 담고 있는 옛길은 자연의 아름다움과 문화유적을 찾는 사람들로 붐빈다.

아주 오래전에 걸었던 이 길에 대한 기억들이, 추억들이 조금씩 조금씩 떠오른다. 그 옛날 큰 뜻을 품은 선비들의 발길이 아로새겨진 이 길을 지금 내가 걷고 있다.

문경새재 입구

10여 분을 걷고 나니 하초리를 지나게 된다. 주변에는 사과밭이 많다. 이 넓은 길도 그 옛날에는 좁은 샛길이었을 것이다. 하초리 마을 표석 옆에는 '문경새재 아리랑마을'이라는 표석이 따로 앉아 있다. 좀 더 진행하니 '대한민국 대표 축제 문경전통찻사발축제'를 알리는 입간판도 세워져 있다. 대형주차장을 통과한다. 1관문이 700미터 남았다는 것과 1관문에서 3관문까지는 3.5킬로미터라고 알리는 표지판이 나온다. 다시 10여 분을 더 가니 '문경새재아리랑비'와 '문경새재 옛길보존기념비'가 나온다. 하초리를 지나 상초리에 들어선 것이다.

상가들이 줄지어 있는 도로를 따라 오르니 옛길 박물관이 나오고 새재비가 다시 나온다. 문경새재 탐방로가 그려진 대형 안내판을 발견한다. 이곳에 문경새재를 알리는 좀 더 자세한 글이 있어 그대로 옮긴다.

문경새재는 예로부터 한강과 낙동강 유역을 잇는 영남대로 상의 가장 높고 험한 고개로 '새도 날아서 넘기 힘든 고개(鳥嶺)', '억새풀이 우거진 고개(草岾)', '하늘재와 이화령 사이(새)의 고개', '새(新)로 만든 고개' 등의 뜻이 담겨 있다. 임진왜란 후 세 개의 관문(주흘관, 조곡관, 조령관)을 설치하여 국방의 요새로 삼았다. 신구 경상도관찰사가 관인을 주고받았다는 교귀정, 나그네의 숙소 조령원터, 신길원현감 충렬비, 산불됴심비 등의 유적과 빼어난 자연경관을 두루 갖추고 있다. 임진왜란과 신립장군, 새재성황신과 최명길, 문경새재아리랑과 같은 설화와 민요도 널리 전승되고 있다. 사적, 명승, 지방기념물 등의 문화재가 있고 1981년부터는 도립공원으로 지정, 관리되고 있다. 최근에는 옛길박물관, 생태공원, 오픈세트장이 들어서 다양한 역사, 문화의 장이 되었다.

문경새재, 입구문경새재 과거 길을 알리는 표석

1관문 직전부터 모처럼 마사토 길이 시작되더니 드디어 1관문(주흘관)에 들어선다. 예전 기억이 그대로 살아난다. 마침 이곳에 촬영을 나온 분이 있어 도움을 받아 1관문을 배경으로 인증샷을 남긴다. 도로 좌측에 있는 문경새재 오픈세트장은 들르지 않고 그냥 지나간다. 그 예전에 이미 들렀던 곳이고 오늘은 이것이 목적이 아니기 때문이다. 마사토 길, 푹신하고 감촉이 좋은 그야말로 걷기 좋은 길이다. 온전히 스스로에게만 빠질 수 있는 그런 길이다. 좌측은 계곡, 우측은 배수로가 이어지고 있다. 배수로를 따라 흐르는 물소리가 참 경쾌하다. 탄성이 절로 난다. 다른 길을 마다하고 이 길로 오길 참 잘했다는 생각을 하게 된다(다른 길은 문경에서 새재를 넘지 않고 하늘재로 가서 미륵리삼거리로 내려가는 길을 말한다).

제1관문 주흘문

서서히 오름짓하는 마사토 길. 급할 게 없다. 최대한 게으름을 피우며 걷는다. 언젠가는 3관문에 이를 것이다. 이런 길이라면 얼마든지 걸을 수가 있겠다. 밤을 새워도 좋을 것 같다. 우측 배수로를 따라 흐르는 물이 너무 맑아 사진으로 남긴다. 배수로 길을 참 잘 살렸다는 생각을 또 하게 된다. 이런 길은 빠르게 걸어서는 절대 안 될 것 같다. 문경새재에 대한 예의가 아닐 것이다. 경상감사 도임행차, 교귀정터를 지나고 문경새재 과거길(옛길) 터를 지난다. 조령원터를 지나고 있다. 조금 더 오르니 조곡폭포가 발길을 붙든다. 드디어 2관문(조곡관)을 통과한다.

우측의 동화원에서 은은한 퉁소 소리가 들려온다. 마치 오래된 과거의 어느 시간 속을 걷는 듯하다. 이 길도 기억이 난다. 2016년 6월 17일, 백두대간 21구간을 넘을 때다. 길을 잘못 들어서 마패봉을 넘어야 할 것을 이 길로 해서 제3관문을 올랐던 기억이 있다.

길은 오를수록 점점 더 가팔라지고 드디어 제3관문(조령관)에 이른다(09;40). 3관문은 공사 중이다. 좌측에 있는 조령샘에서 약수 한 사발을 마시고 3관문을 통과한다. 백두대간을 넘을 때에도 이곳에서 약수를 마시고 3관문을 통과하고 되돌아와서 약수터 위쪽으로 난 산길로 오른 적이 있다. 이곳 3관문에서는 이정표를 꼭 확인해야 한다고 했다. 고사리마을로 표시된 곳으로 내려가야 하기 때문이다. 마침 공사 감독관이 있어 물어보니 바로 우측이라며 손짓으로 가르쳐준다. 친절하게도 이정표에는 '고사리 마을 2.2킬로미터, 30분'이라고 거리와 소요시간까지 적혀 있다. 이제 30분 후면 고사리 마을에 도착할 것이다.

처음에 약간은 불안했던 문경새재 길. 수많은 사람의 발길과 무수한 세월을 지켜낸 문경새재 길, 걷는 동안은 내내 황홀했고 지금은 이렇게 가뿐하게 정상에 서 있다. 언젠가는 또 그리워하게 될 마음속의 명장면 하나를 이렇게 채워놓는다.

목표가 확실한 도전에는 언제나 이렇게 흥분과 설렘이 따르는 걸까? 다른 길로 가지 않고 이 길로 오길 정말 잘했다는 생각을 또 하게 된다. 여차했더라면 이런 감동을, 이런 추억을 놓치지 않았겠는가! 이 정표에 표시된 대로 산길을 따라 내려간다. 바로 연풍새재비가 보인다. 연풍새재비에도 그 내력이 적혀 있어 원문 그대로 옮긴다.

> 백두대간의 조령산과 마역봉 사이를 넘는 새재는 고려사지리지에 초점으로 신증동국여지승람에는 조령으로 기록되어 있다. 새재의 유래는 억새풀이 우거진 고개 새도 날아서 넘기 힘들다는 고개 하늘재인 옛 계립령을 대신하여 새로 만든 길 하늘재와 이화령 사이에 있다고 하여 새재라 하였다고 전해진다. 연풍새재는 조선시대에 가장 번성했던 도로인 영남대로의 중요한 분수령이자 군사적 요충지이며 한강과 낙동강 수계를 연결하면서 문물교류의 역할을 하였다 조선통신사 일행이 일본을 왕래할 때에도 주로 연풍새재를 경유하였다. 새재와 접한 마역봉에는 암행어사 박문수가 마패를 걸어놓고 쉬어갔다는 전설이 남아 있으며 고사리마을 입구에 있는 소나무는 어사송이라 불리고 있다 고개 아래 역원과 마방이 있었으며 사람들의 왕래가 많아 주막문화가 발달하기도 하였다 3관문인 조령관에서 소조령까지를 연풍새재로 불렀으며 일제강점기에 이화령이 신작로로 확장되면서 중요도로의 기능이 상실되어 옛 모습을 잃었다 2013년 충청북도에서 연풍새재길을 흙길로 복원하여 현재의 모습을 갖추게 되었다(마침표 등 표시 없이 새재비에 적힌 원문 그대로 옮겼음).

산길을 따라 내려간다. 나뭇가지 사이로 청량한 가을볕이 스며드는 것만으로도 가을의 한복판에 와있는 듯한 기분이다. 굽이굽이 휘어져 감긴 내리막길을 감싸주는 주변의 잡목들이 그렇고, 높은 하늘 위를 게으르게 피어오르는 옅은 구름이 또 그렇다. 문경새재 정상에 있던 이정표에 적혀 있던 그대로 30여 분 만에 괴산 고사리에 도착한다.

이곳은 갈림길이다. 내려가는 길은 두 길이 있다. 상대적으로 좁은 직진하는 길과 좌측의 넓은 길이다. 어느 쪽으로 내려가야 할지 망설여진다. 주변에 사람이 없어 물을 수도 없다. 주차되어 있는 관광버스가 보인다. 버스로 다가가서 기사로 보이는 분에게 물었다. 좌측으로 내려가라고 한다. 미심쩍었지만 관광버스 기사라는 신분에 믿음이 가서 그대로 믿고 내려갔다. 그러나 허탕. 큰 도로까지 내려가서야 길을 잘못 들었음을 알게 된다. 괴산 고사리에서 우측으로 내려갔어야 했다.

큰 도로에서 우측으로 방향을 바꿔 진행한다. 잠시 후에 버스 정류장이 나오더니, 괴산 고사리에서 우측으로 내려가는 길과 합류하게 된다. 비로소 정상적인 국토종단 길을 찾게 된 것이다. 이미 20여 분 이상의 시간을 허비한 후다. 잠깐이지만 지금 지나온 길은 괴산 땅이다. 괴산은 1읍 10개 면을 가진 내륙지방인데 국토종단 길에서는 잠시 이곳 연풍면 고사리만 지날 뿐이다. 이곳 고사리 근처에 이화여대 고사리 수련원이 있다는 걸 기억하면 국토종단 길을 헷갈리지 않고 이어가는 데 도움이 될 것이다.

잠시 후에 수안보면 화천리에 이른다. 은행정 교차로에서 우측으로 진행한다. 20여 분 만에 수안보면 안보리 뇌곡마을에 이른다. 주변에 인삼밭이 많다. 이젠 충주시에 접어든 것이다. 충주시는 동쪽은 제천시, 서쪽은 음성군, 남쪽은 괴산군, 경상북도 문경시, 북쪽은 경기도 여주시와 강원도 원주시와 접하고 있고, 1읍 12면 12행정동으로 이루어져 있다. 그중에서 지금 내가 걷고 있는 곳은 수안보면 땅이다.

충주 땅에 들어설 때 제일 먼저 떠오르는 것은 역사적인 인물이다. 충주시가 지역 출신 인물들을 예우하는 방식이 독특해서다. 충주시에서는 충주가 배출한 명현들에게 합동으로 제사를 올리고 있는데, 이 명현추모제에 모셔지는 명현은 악성 우륵, 대문장가 강수, 해동필가의 조종이라 일컬어지는 김생, 임진왜란 시 탄금대 전투에서 배수진을 친 신립, 충주 출신의 용장 임경업 등 다섯 분이다. 인물 말고도 충주에는 자랑거리가 더 있다. 관광명소다. 그 으뜸은 충주호와 탄금대일 것이다. 충주호는 1985년 충주댐이 건설됨에 따라 생겨났는데 우리나라에서 가장 큰 규모의 호수로 주변의 깊은 계곡과 함께 수려한 경관으로 연간 1백만 명 이상의 관광객이 찾는 곳이다. 탄금대는 해발 100미터 정도의 나지막한 산인데, 악성 우륵이 망국의 한을 달래며 가야금을 타면서 제자들에게 노래와 가야금, 춤을 가르쳤다는 곳이다.

괴산 고사리에서 수안보면 화천리로 가는 도로

월악휴게소

잠시 후에 월악휴게소에 이른다. 그 앞은 월악산교차로다. 갈림길이 전개되는 것이다. 갈림길에서는 언제나 긴장하기 마련. 자칫 길을 잘못 선택하면 엄청난 시간과 체력 낭비가 있을 수 있어서다. 그래서 이 지역 사람을 만나 길을 묻기로 한다. 휴게소에 들어가면 사람을 만날 수 있을 것 같다. 그러나 휴게소에서도 아무런 정보를 얻지 못한다. 손님들은 자기도 외지인이라는 이유로, 종업원들은 바쁘다는 이유로 나와 말 섞는 것 자체를 거부한다. 많이 아쉽다. 선한 동기라고 해서 반드시 아름다운 결과를 내는 것은 아닌 모양이다. 혼자만의 생각으로는 공명을 일으키기가 쉽지 않다는 걸 절감하고 소득 없이 휴게소에서 나온다.

휴게소에서 나와 도로 위를 달리는 자동차들을 한동안 응시하다가 다시 내 길을 간다. 진행 방향은 삼거리에서 좌우측에 있는 마을 표지판을 확인하니 쉽게 해결이 된다. 이렇게 간단한 걸… 월악산교차로에서 우측 방향으로 진행한다.

이제부터는 수안보로를 걷게 된다. 대안보 마을 표지판이 보인다. 안보 마을회관을 지나 안보삼거리에 이른다. 이곳에서 우측으로 진행한다. 미륵송계로 508번 지방도로다. 도로 우측에는 수안보생활체육공원이 있다. 게이트볼장, 족구장 등이 보인다. 도로 주변에 과수원과 펜션 등이 자주 나타난다. 대학찰옥수수를 소개하는 표지판도 보인다. 수안보와 살미 지역의 옥수수는 그 명성을 익히 들어서 이미 알고 있다.

산속으로 난 2차선 도로를 따라 걷게 된다. 오르막이지만 뜨거운 햇볕을 피할 수 있어서 그나마 다행이다. 긴 오르막이 한동안 계속된다. 오르막길을 8부쯤 올랐을 때 우측에 월악산국립공원 표지판이 나타나고 사문리탐방지원센터가 보이기 시작한다(15:01). 계속 오른다. 10여 분 만에 오르막 끝에 이른다. 지릅재 정상에 도달한 것이다. 정상에는 해발 540미터라는 표지판이 있다. 지릅재는 조금 전에 지나온 수안보면 사문리 뫼약동에서 미륵리로 넘어가는 고개다. 또 미륵리를 사이에 두고 서쪽에는 지릅재가 있고, 동쪽에는 하늘재가 있다.

수안보면 사문리 뫼약동에서 미륵리로 넘어가는 지릅재

지릅재에서 내려간다. 내려가는 도로 좌우측에는 수많은 현수막이 걸려 있다. 모두 송이버섯 불법채취자를 단속한다는 현수막들이다. 이 지역이 송이버섯 주산지인 모양이다. 잠시 후에는 미륵리 삼거리에 이른다. 이곳 삼거리에서 국토종단 길은 좌측 미륵송계로로 이어지지만, 이 근처에서 점심 식사를 하고 가기로 한다.

삼거리에서 직진으로 가면 미륵리가 나온다. 미륵리에는 음식점이 다수 있다고 알고 있다. 음식점을 찾아가는 도중에 도로 좌측에 특산품 판매점이 먼저 나오더니 이어서 음식점들이 밀집한 곳에 이른다. 마치 유원지에 들어선 기분이다. 음식점들이 많다. 그중에서 음식점 간판이 그럴듯한 곳을 오늘의 점심 장소로 선택하고 들어간다.

이곳에서 식사를 하면서 식당 주인으로부터 놀랄 만한 정보를 듣게 된다. 바로 이곳 위쪽에 하늘재가 있다는 것이다. 그래서 만약에 문경에서 출발할 때 문경새재를 넘지 않고 바로 하늘재로 가서, 하늘재에서 이곳으로 내려오더라도 어렵지 않게 미륵리에 올 수 있다는 것이다. 그런데 하늘재는 나와는 인연이 아주 깊은 곳이다. 백두대간을 종주할 때 하늘재에서 두 번이나 야영을 했었다(2016. 6. 17, 6. 30). 그 당시는 하늘재 너머에 미륵리가 이렇게 가까이 있다는 것을 알지 못했다. 사실 옛날에는 하늘재의 역할이 대단했었다. 하늘재는 한강과 낙동강 유역을 연결하는 요충지로서 신라 시대부터 고려 시대에 이르기까지 중부 지방과 영남 지방을 연결하는 대로였었다. 그런데 조선 초기에 조령이 개발됨에 따라 하늘재의 기능이 상대적으로 약화된 것이다.

식사를 마치고 다시 미륵리삼거리로 돌아와서 우측의 미륵송계로를 따른다. 내려가는 도로의 좌측 옹벽에서 신기한 것을 발견한다. '소형동물옹벽탈출시설'이다. 소형 동물이 이 시설을 타고 산으로 올라갈 수 있도록 옹벽에 구조물을 설치해 놓은 것이다. 지금껏 많은 산을 다녔고 수많은 도로를 걸었지만 이런 구조물은 이곳에서 처음 본다. 괜찮은 아이디어다.

제천시 한수면에 진입

계속해서 산속에 난 도로를 따라 걷게 된다. 주변에 과수원도 보인다. 사람은 보이지 않는데 과수원에서는 라디오 소리가 흘러나온다. 사람이 듣는지 사과나무들이 듣는지는 알 수가 없다. 아니면 도난 방지를 위한 방지책인지도 모르겠다. 미륵사교를 통과하고도 계속해서 산속에 개설된 도로를 따라 걷는다. 잠시 후에 만수휴게소에 이른다.

휴게소 건물이 독특하다. 멀리서 보면 중앙에 2층으로 된 8각정자 건물이 있고 그 좌우에는 기와로 담장이 된 단층 시설물이 늘어서 있다. 건물 앞에는 넓은 공터가 있는데, 아마도 주차장으로 쓰이는 것 같다. 건물 뒤쪽은 만수계곡이다. 휴게소에는 관광객인지 등산객인지 모를 사람들이 북적거린다. 평일임에도 말이다.

만수휴게소를 떠나자마자 '미래세대체험장'이라는 곳이 나온다. 제천시 한수면 진입을 알리는 행정표지판도 보인다. 벌써 제천시에 들어선 모양이다. 이제부터는 제천시 땅을 걷게 된다.

제천시는 한때 서울, 대구, 금산에 이은 4대 약령시장으로 유명했던 곳이기도 하다. 또 제천을 떠올리면 바로 생각나는 게 있는데, 의림지 이다. 의림지는 우리나라에서 가장 오래된 저수지 중의 하나인데, 신라 진흥왕 때 우륵이 처음으로 방죽을 쌓았다는 설이 있다.

제천시 한수면 송계리 덕주골

걷고 있는 도로는 여전히 508번 지방도로인 미륵송계로다. 좌측의 닷돈재 야영장을 지나니 바로 닷돈재에 이른다. 이어서 송계팔경의 하나인 팔랑소도 지난다. 와룡교와 망폭교도 지나고 덕주골에 이른다 (15:55). 덕주골 주변에는 음식점들이 많다. 이곳에서 월악산을 오르는 등산객들이 있어서 그럴 것이다. 등산객뿐만 아니라 타 지역에서 온 것으로 보이는 학생들도 보인다. 슬리퍼를 신고 배회하는 청소년들이 보인다. 이 주변에 야영장이나 캠핑장이 있는 것 같다. 교통표지판도 보인다. 이곳 덕주골에서 수산면까지는 25킬로미터라고 적혀 있다. 오늘 수산면까지 갈 생각인데, 앞으로도 6시간 정도는 더 걸어야 될 것 같다. 서둘러야겠다.

그런데 아무리 생각해봐도 조금은 의외인 것은, 지금까지 10여 일이 지나도록 이 국토종단길을 걷고 있지만 나처럼 이 길을 걷고 있는 사람을 아직까지 한 사람도 보지 못했다는 것이다. 물론 다른 코스를 택했을 수도 있고, 다른 날을 택했을 수도 있겠지만 그런 걸 감안하더라도 조금은 의외다. 최근 우리나라에 걷기 열풍이 일었고 국토종단 붐도 한때 있었지 않은가. 더구나 지금은 시기적으로 덥지도 춥지도 않은 가을철이지 않은가. 물론 국토종단이 그렇게 쉽게 나설 수 있는 성질의 것은 아니란 걸 안다. 단순히 시간을 때우거나 무료함을 달래기 위해 나서는 사람은 없을 것이다. 모르긴 해도 국토종단을 결심하는 대부분의 사람들은 특별한 삶의 의미를 찾기 위해 나설 것이다.

이제부터는 월악산 아랫자락을 따라 걷는 셈이다. 송계부락을 지난다. 좌측은 그 유명한 송계계곡이다. 송계교를 자주 지나게 된다. 우측에 거대한 충주호 줄기가 보인다. 송계1교를 지나 탄지삼거리에 이른다. 이곳 삼거리에서 우측으로 진행한다. 이제부터는 일반국도 36번을 따라 걷게 된다. 월악로다. 이번에는 상탄마을을 지난다. 도로에 줄지어 선 나뭇가지 사이로 시골 마을들이 희미하게 들어온다. 지금 걷고 있는 도로는 우측에 계곡을 끼고 있는 2차선 포장도로이다. 날이 빠르게 저물고 있다. 속도를 낸다. 이 길을 걸으면서 월악산이 정말로 거대한 산이란 걸 실감한다. 도로 좌측에는 성암마을이 우측에는 덕산면사무소가 있다는 것도 확인한다. 이미 어둠이 깔리고 자드락

마을을 거쳐 오늘의 종착지가 될 제천시 수산면 수산사거리에 이른다
(19:45).

사거리에는 교통표지판과 행정안내판, 슬로시티 수산면을 알리는
표석 그리고 수산면 유래비가 세워져 있다. 이곳에서 제천시내는 좌
측 방향으로 이어지지만, 오늘은 이곳에서 국토종단 걸음을 마치기로
한다. 우측의 수산리 마을로 내려가서 오늘 저녁을 보낼 곳을 찾아야
한다. 시시각각 어둠이 짙어진다. 서둘러 내려간다.

마을 개들이 짖는 소리가 어둠을 타고 내 귓속을 파고든다. 괜히 마
을 주민들에게 미안해지려 한다. 발자국 소리를 최대한 낮춰보지만
개 짖는 소리는 여전하다. 빨리 마을 정자를 찾아야 하는데 쉽지가
않다. 어둠 때문이다. 좌측의 수산면사무소와 수산치안센터를 지나
동네 한 바퀴를 다 돌아다녀도 보이지 않던 정자가 마을 어귀에서 거
짓말처럼 나타난다. 수산복지회관 앞에 떡하니 자리 잡고 있는 것이
다. 이렇게 반가울 수가! 오늘 밤 나를 재워 줄 야전 호텔을 찾은 것이
다. 이곳에 텐트를 치기로 한다. 자동차 소음이 있는 도로변이긴 하지
만 마을 어귀에 위치해 있어 그나마 다행이다. 앞에 '옥순봉'이라는 식당
도 있다. 저녁식사도 해결된 거나 마찬가지다. 밤이 많이 이슥해졌다.

밤중에 만난 제천시 수산면 표석

　오늘 하루 여유를 갖고 문경새재를 넘던 순간이 떠오른다. 그렇게 좋을 수가 없었다. 행복했다. 길도 좋았지만 관리도 잘되고 있다는 느낌. 오래오래 유지되고 많은 사람들의 가슴 속에 넉넉한 여유를 채워주는 그런 길로 계속 남았으면 좋겠다. 한낮에 대면했던 월악휴게소 직원의 무표정한 얼굴도 떠오른다. 길을 묻는 나그네에게 좀 더 밝은 표정으로 대했으면 좋겠다는 아쉬움이 있다. 그들에게 정신적으로 좀 더 여유가 생겼으면 좋겠다. 미륵리삼거리 식당 주인의 당당한 목소리도 결코 잊을 수가 없을 것 같다. 그분이 알려준 특급 정보, 미륵리 위쪽에 바로 하늘재가 있다는 사실은 생각만으로도 놀라움 그 자체였다. 세상은 넓다지만 이렇게 좁을 수도 있다는 걸 뼛속 깊이 체득하였다. 덕주골에서 이곳까지 찾아오는 긴 거리는 내 등짝의 물기를 몽땅 뺏은 것 같다. 한 마디로 시간을 정해놓고 그 시간 속에 긴 거리를 억지로 녹여 낸 사투였다. 무리였다. 반성한다.

도로를 달리는 자동차 소리가 뜸해졌다. 지금 곁에 아무도 없는 이 순간, 피곤하지만 잠깐의 침묵만으로도 충분히 괜찮은 시간이다. 하루를 무사히 마친 이 시간이 참으로 좋다. 조용히 지나온 시간을 되짚어 본다. 이젠 국토종단 걸음도 절반쯤 지난 것 같다. 내일을 위해 텐트 안의 전등을 꺼야 할 시간이다. 이렇게 또 9월의 가을날 하루가 소리 없이 저문다.

🥾 오늘 걸은 길

문경 버스터미널 → 새재 초입 → 하초리 → 1, 2, 3관문 → 괴산 고사리마을 → 수안보면 화초리 → 월악휴게소 → 안보삼거리 → 지릅재 → 미륵리삼거리 → 만수휴게소 → 송계부락 → 수산사거리(49Km, 12시간 20분)

12

열 두 째 걸 음

제천시 수산면 수산리에서
제천역까지

청풍대교를 따라 호수 위를 걸은 후,
금성면 '시골맛집'에서 후한 인심에 감격.
제천시내에 도착 후 정처 없이 배회하다

이동경로

제천시 수산면 수산사거리→ 고명삼거리→ 청풍면 읍리→ 청풍대교
→ 교리교차로→금성면사무소→ 남제천IC→ 제천시내(유로스파 찜질
방 이용)

　많이 피곤했던 모양이다. 어제저녁은 도중에 한 번도 깨지 않고 새
벽 4시까지 잠에 빠졌다. 자동차 소음이 심한 도로변이라 한 번쯤은
깰 법도 했는데, 피곤 앞에서는 자동차 소음도 대수가 아닌 것 같다.
그나마 핸드폰 알람이 작동했기에 망정이지….

　어제저녁에는 보지 못했던 수산리의 아침 풍경이 새롭다. 빨간 불빛
으로 번쩍거리던 옥순봉 식당의 화려하던 간판은 온데간데없고 얌전
한 흑백의 이름자만 다소곳이 걸려있다. 마을 안쪽도 마찬가지다. 음
식점과 상가의 불빛으로 생기가 넘치던 수산면사무소와 수산치안센
터를 잇는 중심가의 화려함은 어디로 사라져버렸는지 지금은 희미한
경운기 운전 소리만 들려올 뿐이다.

　오늘은 어제 지나온 제천시 덕산면에 이어 수산면, 청풍면, 금성면

을 차례로 거쳐 제천시내까지 걸을 계획이다. 오늘 걸어야 할 길이 그리 긴 거리가 아니지만 원래 계획대로 아침 6시에 출발한다. 어제저녁에 미리 확인해 둔 수산사거리로 직행한다. 좌측에 마을을 두고 대로를 따라 걷는다. 마을이 무척 평온하게 보인다. 어제저녁은 개 짖는 소리에 마치 마을이 떠나갈 듯했는데…. 잠시 후 수산사거리에 도착한다. 수산사거리는 국토종단 12일째 걸음을 시작할 출발지인 셈이다.

수산사거리

사거리에 설치된 교통 표지판을 눈에 담고, 주변 위치 등도 몇 컷을 촬영해 둔다. 교통 표지판을 통해 이곳에서 청풍리조트가 18킬로미터, 청풍문화재단지가 12킬로미터 정도 떨어져 있음을 확인한다. 바로 출발한다. 이곳 사거리에서 직진한다. 이제부터는 국가지원지방도 82번 도로를 걷게 된다.

기온이 많이 내려간 것 같다. 아직 그럴 시기는 아니지만 이른 아침이라선지 벌써 손이 시리다. 어제는 숲길을 많이 걸었었다. 같은 길이라도 지역마다 도로변의 분위기는 다르다. 가로수도 그렇고 주변의 농작물도 그렇다. 주택도 다르고 시설물에도 차이가 있다. 어디에서는 아무리 걸어도 농작물밖에 보이지 않지만, 어느 곳에서는 공장이나 기업체가 보이기도 한다. 어제는 산골 도로를 많이 걸었고 오후에는 농작물도 많이 봤다. 도로변에 농작물이 많은 것은 대부분의 농촌 지역이 다 비슷하다. 오늘도 제천시내에 진입하기 전까지는 농작물과 숲을 벗 삼아 걷게 될 것이다.

나는 길을 걸을 때는 주변을 꼼꼼히 살피는 편이다. 10여 년간 백두대간과 여러 산줄기를 종주하면서 길든 오래된 습관이다. 그때는 산행기록을 정확하게 남겨야 했기에 아주 자세히 살피는 게 거의 의무였었다.

도로 좌측은 그리 깨끗하지 못한 계곡이다. 그 계곡을 흐르는 물소리가 들려온다. 물소리만큼은 청정계곡의 물소리와 똑같다. 깨끗하지 못한 게 물 탓은 아닐 것이다. 환경오염의 주범인 인간들의 부도덕함 때문일 것이다. 도로 우측 밭에서 재배되고 있는 신기한 작물을 발견한다. 기장이다. 아직도 이런 잡곡을 재배하고 있다니…. 이곳에 재배되고 있는 기장의 주 용도가 뭘까? 내가 농촌 출신이면서도 잘 모르겠다. 내 세대에서도 기장은 그리 흔한 작물이 아니었다.

이번에는 도로변의 전봇대가 시선을 끈다. 전봇대에 시선을 끌 만한 홍보물이 부착되어 있어서다. 홍보물은 제천의 아름다운 자연을 홍보하고 있다. "청풍호가 있는 제천입니다."라는 홍보 문안이다. 청풍호. 제천의 자랑거리일 것이다. 제천시가 요즘 부쩍 홍보에 열을 올리고 있는 것 같다. 홍보의 주된 내용은 최근에 제천이 관광휴양지로 급부상하고 있는 지역이라는 점, 인간 중심의 첨단 바이오 산업지대를 형성하였고 중부권 최대의 물류·교통·교육의 중심지로 발돋움하고 있다는 점 등이다. 이런 내용이 담긴 책자를 어디선가 본 적이 있다.

오티리 마을을 도로 좌측에 두고 걷는다. 도로 좌측에 '오티교'라는 다리가 놓여 있고 조금 더 지나니 도로 우측에 '사랑채'라는 음식점이 나온다. 햇빛이 나오기 시작한다. 다행이다. 아침에 시리던 손도 어느새 다 풀렸다. 이번에는 '식후경'이라는 상호를 가진 식당이 나온다. 상호 때문인지는 몰라도 아침 식사를 이곳에서 하고 싶어진다. 마음이야 굴뚝 같지만 꾸욱 참는다. 계속해서 음식점 간판이 나타난다. 어제부터 꿩고기, 토끼탕이라는 음식점이 자주 보이곤 했는데 이곳에서도 마찬가지다.

도로 우측에 무더기로 핀 코스모스 때문인지 가을 아침임을 실감하게 된다. 코스모스는 시골길이건 도회지 가로건 자라나는 땅을 차별하지 않는 것 같다. 꾸밈없는 산들거림은 예외 없이 이곳에서도 여전하다. 걷고 있는 도로는 아주 약간의 오르막이 시작되고 있다. 미세하지만 기울기를 느낄 정도다. 이번에는 도로 우측에 지곡마을이 나타나고 좌측은 여전히 오티리 마을이다. 오티리 마을이 참으로 큰 동네라는 생각을 하게 된다. 축사 이전을 반대하는 현수막이 보인다. 이곳 주민들의 의사표시다. 요즘은 시골에서도 이런 방식의 주민들 의사표시를 쉽게 확인할 수가 있다. 옛날이라면 상상이나 해볼 수가 있겠는가?

제천시 수산면 오티리 마을 표석

폐휴게소 건물이 나온다. 이걸 보니 지금의 전국적인 어려운 경기를 실감하게 된다. 요즘 도시의 상가도 수시로 업종이 바뀌고 있는데 이것도 다 장기간의 불경기 때문일 것이다. 이런 현상은 도시나 시골이나 마찬가지다. 우측에 가까이 보이는 산이 하얗게 파헤쳐지고 있다. 파헤치는 용도가 뭔지는 알 수가 없다. 개발이라는 미명으로 변명을 늘어놓겠지만 머잖아 후회할 것이다. 특히 이곳 제천은 슬로시티로 지정받은 지역이지 않은가. "물과 산을 벗 삼아 시간도 쉬었다 가는 곳." 이라고 자랑할 때는 언제이고 저렇게 대책 없이 자연을 파헤치는지….

도로는 오르막이 끝나고 내리막으로 이어진다. 우측 아래에 키가 큰 나무가 신기한 형상을 하고 서있다. 신기하다기보다는 차라리 애처롭게 보인다. 칡덩굴인지 은행나무인지 모를 정도로 칡덩굴이 바닥에서부터 나무 꼭대기까지 친친 감겨 있다. 은행나무다. 아마도 칡덩굴에 의해 은행나무는 이미 고사되었을 것 같다. 식물만 저러겠는가? 우리 인간세계도 더하면 더했지 마찬가지일 것이다.

이런저런 상념 속에서도 발걸음은 쉬지 않고 움직여 고명삼거리에 이른다. 좌측에 고명리 마을이 있다. 삼거리에서 직진으로 진행하니 매실(고명리)이라고 적힌 표석이 무뚝뚝하게 서있다. 매실에서 약간의 오르막인 도로를 5분 정도를 더 가니 오르막도 끝이 나고 '청풍면'이라고 적힌 행정 표지판이 세워져 있다. 이제부터는 수산면을 벗어나 청풍면을 걷게 된다. 10여 분 정도를 내려가니 삼거리에 이른다. 도로 우측은 율지리로 가는 길이다. 좌측으로 진행한다.

제천시 청풍면 행정표지판

신리 마을을 지나 좌측의 청풍 초등학교, 중학교와 청풍농협을 지나니 청풍면 소재지인 읍리(물태리)에 도착한다(09:10). 도로 좌측은 읍리 마을, 우측에는 면사무소, 파출소, 우체국 등 공공기관이 집중되어 있다. 관광지라서 그런지 비교적 상가가 번성하다. 그런데 납득하기 어려운 것은 도로 좌측의 상가에 있는 편의점의 행태이다. 컵라면을 팔면서 별도로 뜨거운 물값을 따로 받는다. 그것도 300원씩이나. 지금까지 어떤 편의점에서도 컵라면을 팔면서 물값을 따로 받는 곳은 보질 못했다.

좌측에 세워진 안내판에는 청풍명월 국제하키장(200m)과 청풍나루 선착장(1.5Km)의 위치와 거리가 적혀 있다. 청풍호가 가까이 있다고 알리는 것이다. 시간적으로 여유가 있는 것 같아 면사무소에 들르기로 한다. 도로 우측 조금 높은 지대에 자리 잡은 면사무소. 마치 위에서 아래로 마을을 내려다보면서 면정이 이뤄질 것 같은 그런 분위기다. 시골에서는 어느 면사무소나 다 비슷하겠지만, 이곳의 민원 창구에도 이른 시간임에도 이미 몇 명의 민원인들로 조금은 북적인다. 나도 민원인들 틈에 끼어 조심스럽게 몇 가지 필요한 정보를 얻는다. 정보는 면 직원을 통해서도, 자발적인 민원인들의 입을 통해서도 자연스럽게 흘러나온다. 이런 경우에 나는 차고 넘치는 이야기들을 잘 조합해서 필요한 정보를 선택하기만 하면 된다.

면사무소에서 나와 바로 아래에 있는 파출소에 들른다. 제천시내까지의 정확한 거리를 확인하기 위해서다. 마침 이곳 파출소에는 제천시내에서 이곳까지 승용차로 출퇴근하는 직원이 있어 거리뿐만 아니라 그곳까지의 자세한 주변 환경까지도 알려준다. 이곳에서 금성까지는 11킬로미터, 제천시내까지는 약 2킬로미터 정도 된다면서 여유를 갖고 가라고 한다. 파출소에서 나와서도 마을 이곳저곳을 둘러보느라 청풍에서 20분 정도를 더 머물다가 출발한다(09:30).

면사무소와 파출소에서 알려준 정보를 떠올리면 이제 제천시내까지는 쉽게 눈에 그려질 정도다. 청풍대교를 건너 금성면 지역을 통과하면 바로 제천시내에 이를 것이다. 가벼운 마음으로 벚나무 가로수 길을 걷는다. 약 1시간 정도 걸으니 팔영루에 이른다. 팔영루는 도로 좌측에 있다. 팔영루에 올라가 본다. 외국인 관광객들이 한국인 가이드의 설명을 듣고 있다. 관광객 중에는 내국인도 몇 명 있다. 이곳에는 관광지답게 해설 자료들이 잘 갖춰져 있다. 팔영루를 알기 위해서는 '청풍'에 대한 이해가 먼저일 것 같다. 이곳에 있는 자료에 의하면, 청풍은 남한강 상류의 선사시대 문화중심지로서 삼국시대에는 고구려와 신라의 세력 쟁탈지로 찬란한 중원문화를 이루었던 곳이기도 하다. 고려와 조선 시대에도 지방의 중심지로 수운을 이용한 상업과 문물이 크게 발달했다. 그러나 1978년부터 시작된 충주다목적댐 건설로 제천시 청풍면을 중심으로 한 5개면 61개 마을이 수몰되자, 이곳에 있던 각종 문화재를 한곳에 모아 문화재단지를 조성한 것이다. 그리고 '팔영루'는 옛 청풍부를 드나드는 관문이었던 누문이다. 조선조 고종 때의 부사 민치상이 청풍 8경을 노래한 팔영시로 인하여 팔영루라 불리게 되었는데, 조선 숙종 28년(1702)에 부사 이기홍이 현덕문이라고 한 자리에 고종 7년(1870)에 부사 이직현이 다시 지었다. 충주댐 건설로 인하여 1983년 지금 위치로 옮겨지었다고 한다(출처; 문화재청).

다시 내 길을 간다. 바로 청풍대교 앞에 이른다. 청풍대교는 충청북도 제천시 청풍면 도화리와 읍리, 물태리를 연결하는 다리다. 왕복 2차선으로 연장 길이는 1.2킬로미터, 교폭은 13미터 정도 된다. 대교 좌우로 이어지는 청풍호수가 아득히 멀리까지 펼쳐지고 있다. 끝을 모르게 전개되고 있다. 지금 그 호수 위를 걷고 있다. 오늘은 내 눈이 호강하는 날이다. 충주호를 청풍호수라고도 부르는데, 우리나라에서 가장 큰 규모의 호수이다. 앞서 말한 대로 충주호는 충주댐 건설로 생겼는데, 안타깝게도 댐 건설로 충주, 단양, 제천 등 3개 지자체에 걸쳐 넓은 지역이 수몰됐고, 약 5만 명의 수몰 이주민이 생겼다고 한다. 주변에 월악산국립공원, 송계계곡, 단양 8경 등 수많은 관광 자원들이 있다. 시간이 넉넉하다면 한 번쯤은 둘러볼 필요가 있을 것 같다. 그러나 오늘은 아니다.

청풍면 도화리와 읍리, 물태리를 연결하는 청풍대교

청풍대교를 건너자 바로 도화교차로에 이른다. 이곳 교차로에서도 직진한다. 다시 학현교차로에 이르고, 여기서도 직진이다. 걷고 있는 도로는 여전히 국가지원지방도 82번이다. 청풍교차로를 통과하니 좌측에 청풍랜드가 자리잡고 있다. 제천관광정보센터도 함께 들어서 있다. 관광정보센터에 들어가서 잠시 살펴본다. 청풍랜드는 충북 제천시 청풍면 청풍호반 만남의 광장에 2001년 11월에 건립되었다. 이곳에는 번지점프, 빅스윙, 케이블코스터, 인공 암벽장, 수경분수, 인공폭포 등이 있고, 주변에는 청풍문화재단지, 청풍호유람선, 청풍리조트 등이 있다.

청풍랜드에서 나와 직진하니 10여 분 만에 교리교차로에 이른다. 아침에 수산에서 출발할 때 '자드락길'이란 용어를 봤는데, 이곳에서 또 보게 된다. 이 용어는 보는 것만으로도 정감이 가고 눈에 그대로 그려질 정도다. 자드락길이 나지막한 산기슭의 비탈진 땅에 난 좁은 오솔길이라는 것을 다들 알고 있을 것이다. 여기에서는 청풍호반과 어우러지는 정겨운 산촌을 둘러보는 길을 말하는 것 같다.

이곳에서부터 금성면이 시작된다

다시 20여 분 정도를 더 가니 도로 좌측에 북진리 마을 표석이 세워져 있다. 금성면 경계를 알리는 행정표지판도 보인다. 이곳에서부터 금성면이 시작되는 것이다. 금성면은 제천시의 동쪽 중간쯤에 위치하고 있다. 이젠 제천시내도 얼마 남지 않았다. 오늘도 맑은 가을 날씨는 계속되고 있다. 걷기에 최적의 날씨다. 도로 우측에 자리 잡은 성내리마을과 조청마을을 연속해서 지난다. 조금씩 상가가 보이기 시작하더니 금성면 소재지에 도착한다(12:40).

걷고 있는 도로 우측에는 입구가 길게 이어지는 금성면사무소가 자리잡고 있고, 이어서 도로 좌측에 금성농협, 다시 우측에 금성파출소, 우체국, 금성복지회관이 차례로 위치해 있다. 다른 지방과 마찬가지로 공공기관이 한 곳에 밀집되어 있다. 이곳에서 점심을 먹기로 한다. 찾아 들어간 음식점은 '시골맛집'. 김치찌개 맛도 일품이지만 주인아줌마의 후한 인심이 오래오래 기억에 남을 것 같다. 요청하지도 않았는데 식사를 더 하라면서 밥 한 공기를 가져다주신다. 우리 같은 장기 도보여행자에게는 밥이 최고의 보약이지 않은가! 주방에 있던 주방장까지 나와서 나에 대하여 관심을 보인다. 어디서 왔느냐? 어디로 갈 거냐? 왜 혼자 다니느냐? 가 질문의 요지다. 식사를 마치고 나갈 때는 식당 종업원 모두가 파이팅까지 불러준다. 고마운 분들. 생면부지의 나그네에게 이런 관심을, 이런 호의를 베풀기가 쉽지 않을 텐데…. 이런 분들을 만날 때마다 스스로에게 책임이 더해짐을 느낀다. 식사를 마치고 면사무소에 들러 지도 한 장을 얻고서 다시 내 길을 간다(13:10).

무슨 일이든지 중간점검이 필요하다. 우리의 삶도 마찬가지일 것이다. '나는 지금 잘살고 있는 걸까? 지금까지의 나의 삶의 방식들은 적절했을까? 앞으로 내게 주어진 날은 얼마나 될까? 주변인들이 나를 바라보는 시각은? 12년간에 걸친 나의 우리나라 산줄기 걷기는 꼭 필요했던 것이었을까?' 등 시간적으로 여유가 있다 보니 이런 것들까지 생각해보게 된다. 사실 그동안 수많은 날을 우리나라 산줄기 걷기에 바쳤다. 백두대간을 종주했고 아홉 개의 정맥까지도 완주했다. 고집스럽게도 이 모두를 홀로 걸었다. 발걸음의 처음부터 끝까지를 모두 기록으로 남겼다. 이 걸음들을 통해 심오한 깨달음을 얻었다고 말하지 않겠다. 뭔가 눈에 보이는, 손에 잡히는 이득이 있었다고도 말할 수 없다. 하지만 한 가지는 말할 수 있다. '희생'과 '땀'의 가치를 배운 것이다. 그 땀의 의미를 알게 된 것이다. 수시로 성찰하고 다짐한다. 지금 걷고 있는 이 걸음도 언젠가는 평가가 필요할 것이다. 그런 심정으로 지금 이 길을 걷고 있다.

이제 12킬로미터 정도만 더 가면 오늘의 종착지인 제천시내에 도착할 것이다. 오늘은 시간적으로 여유가 있다. 제천시내까지 가는 동안 많은 걸 보고 들어야 할 텐데….

이곳저곳을 둘러보면서 해찰을 부리며 여유롭게 걷는다. 어제는 무리했었다. 걷는지 뛰는지도 모른 체 달리기만 했었다. 오늘의 이런 여유는 어제 뛰다시피 한 무리한 발걸음 덕택임을 알고 있다.

도로 우측에 약수터가 있다. 식수 적합 판정을 받은 '구룡약수터'다. 먼저 와서 물을 받고 있는 부부가 있다. 물었다. 이 물 식수로 가능하냐고. 부부가 동시에 답한다. 이 주변에서는 최고의 약수라고. 칭찬이고 자랑처럼 들린다. 자기들은 이곳에서 멀리 떨어진 곳에 살고 있지만 항시 이 물을 받아서 먹고 있다고 한다. 그러면서 나에게도 마실 것을 권한다. 물도 마시고 빈 수통도 꽉꽉 채운다. 다시 길을 간다.

20여분 후에 월림리에 이른다. 마을은 도로 좌측에 있다. 도로변에 있는 코스모스와 내가 함께 걷고 있다. 참 다행이다. 홀로 걷는 나도 그렇고 종일 그렇게 서 있기만 하는 코스모스도 그럴 것이다. 코스모스는 심심하고 지루했을 것이다. 내가 관심을 보일 때마다 마치 알아듣는 듯 살랑거린다. 나도 뭔가 또 다른 답을 코스모스에게 주고 싶다.

월림1교를 통과하니 도로 좌측에 남제천 IC가 나온다. 우측에는 지적박물관이 있다고 표지판이 알린다. 양화2교와 양화1교를 차례로 통과하니 우측의 마을로 들어가는 입구에 양화4교가 있다. 그 아래로는 고교천이 흐르고 있다. 여기는 무슨 마을일까? 마을 표석이 없어 궁금하다. 진입로를 따라 마을까지 들어가서 확인해 본다. 양화리가 맞다. 되돌아와서 양화사거리에서 직진한다.

더없이 좋은 날씨. 가을다운 날씨를 제천에서 맛보는 것 같다. 오늘만 같다면 100일이라도 1,000일이라도 쉬지 않고 걸어도 좋을 것 같다. 큰 공장이 없어서 더 좋은 것 같다. 대형 건물이 보이지 않아서 더 좋은 것 같다. 고급 자동차가 보이지 않아서 정말로 더 좋은 것 같다. 좌측에 있는 산곡리와 명지 마을들을 차례로 지나니 제천시내가 한눈에 들어오기 시작한다. 태양열도 많이 식혀진 오후 4시 43분을 넘고 있다.

예상대로 오늘의 최종 목적지인 제천시내에 조금 일찍 도착했다. 오늘 저녁은 이곳에서 보낼 계획이다. 저녁까지는 아직도 시간이 많이 남아 있다. 관광안내소를 들러 정보를 얻어야겠다. 궁금한 게 많다. 내일 새벽에 출발하게 될 영월 주천으로 나가는 길을 미리 확인해둬야 한다. 오늘 저녁을 보낼 찜질방 위치도 알아둬야 한다. 그래도 시간이 남을 것 같다. 자투리 시간을 보낼 시내 주변 관광지도 물어봐야겠다.

주변 사람들에게 물으니 관광안내소는 제천역 근처에 있다고 한다. 바로 찾아간다. 역 앞에 바로 있다. 작은 사무실에 직원 1명. 직원은 무엇에 열중인지 내가 들어가도 한동안 알아채질 못한다. 대형 배낭을 보고서 그때에야 아는 체를 한다. 물었다. 궁금한 모든 것을. 사무적으로 답변한다. 더 이상 묻기가 곤란할 정도다. 혼자서 지도만 봐도 다 알 수 있을 정도의 답변만 해준다. 몰라서 그러진 않을 텐데. 많이 아쉽다. 나의 등장이 본인에게 방해됐을 수도 있을 것이다. 나 말고 직전에 다른 방문객이 또 그 직원의 시간을 빼앗았을 수도 있을 것이다. 그렇지만 이곳을 찾는 사람들을 맞아주는 일이 더 중요한 게 아닐까? 그게 그 직원 본연의 임무가 아닐까? 주변 관광지를 묻는 나에게 달랑 지도 한 장을 주면서 지도에 다 나와 있다고 말하며 입을 닫아 버린다. 더 이상 묻기도, 그 앞에 서 있을 수도 없이 참 난처하다. 그대로 나올 수밖에⋯. 이전에 들렀던 해남, 무주, 영동의 관광안내소와는 너무나 대조적이다. 관광안내소는 그 지역의 얼굴이나 마찬가지일 텐데⋯.

당초 제천에 들르면 의림지를 구경할 생각이었다. 그런데 관광안내소에서 상한 기분은 의림지 방문을 포기하게 만들었다. 의림지 방문을 생각했던 것은 그만한 이유가 있다. 학창시절 교과서에서 배웠던 뚜렷한 기억 때문이다. 의림지는 우리나라 최고의 저수지로 유일하게 현재까지 그 기능을 유지하고 있다. 또 있다. 아름다운 경관이다. 의림지 둑 위에는 수백 년을 자란 소나무와 수양버들 등이 어우러져 멋진 경관을 연출한다고 한다. 그런 의림지를 꼭 가보고 싶었는데⋯.

의림지를 찾아가는 대신 제천시내를 둘러보기로 한다. 찜질방이 있는 지점을 향해 어슬렁어슬렁 걷는다. 청소년들이 몰려다니는 젊은이들 거리도 지난다. 아웃도어 용품점이 즐비한 거리도, 먹자골목도, 약초 전문 시장도 기웃거려 본다.

제천시내

　이젠 해도 많이 저물었다. 찜질방 위치 확인이 시급해졌다. 서두른다. 유로스파라는 찜질방을 찾았다. 근처에서 저녁식사를 하기로 한다. 오늘 메뉴는 순댓국이다. 식당은 60대 중반쯤으로 보이는 장년들 10여 명으로 채워져 떠들썩하다. 아마도 무슨 모임을 갖는 것 같다. 연신 큰 소리와 거침없는 웃음소리가 그치질 않는다. 그런 모습이 보기에 참 좋다. 나도 저런 때가 있었는데….

　순댓국으로 저녁식사를 마치고 바로 근처의 찜질방으로 직행한다. 이렇게 국토종단 12일째를 제천에서 마치게 된다.

　나는 오늘 걸음에서 무엇을 얻었을까? 가을 날씨치고는 오늘 하루 참 더웠다. 더웠지만 걷기에는 최적의 날씨였다. 수산면의 그리 깨끗하지 못한 계곡에서 들려오던 톡톡 튀는 듯하던 맑은 물소리가 기억난다. 오티리 마을을 지나면서 발견한 은행나무를 잊을 수가 없다. 칡덩굴이 바닥에서부터 나무 꼭대기까지 친친 감겨 있었다. 팔영루에서 바라본 청풍호수의 광활함도 영원히 잊을 수가 없을 것이다. 제천의 속살을 다시 보게 된 하루였다. 내일은 또 어떤 것이 나를 설레게 할까? 이렇게 가을날의 어느 하루가 지나간다. 속절없이….

🥾 오늘 걸은 길

수산사거리 → 고명삼거리 → 청풍면 읍리 → 청풍대교 → 교리교차로 → 금성면사무소 → 남제천IC → 제천시내(32Km, 8시간 20분)

9월 23일 토요일, 아침에 짙은 안개

13

열 셋 째 걸 음

제천역에서
평창군 방림삼거리까지

주천에서 정보를 얻고 사과를 얻고 감동을 받고,
객이 없는 평창은 주인만 바쁘더라.
해 질 녘 뱃재를 넘어 방림삼거리에서 걸음을 멈추다

이동경로

제천시내→ 장락삼거리→ 고암삼거리→ 지실사거리→ 송학면포전리
→ 영월군 주천면 금마1리→ 주천→ 유동삼거리→ 평창읍→ 다수삼
거리→ 주진삼거리→ 뱃재→ 방림삼거리(마을 공터에서 야영)

아침 6시에 찜질방을 나선다. 제천시내는 안개가 짙게 깔려 있다.
오늘은 영월 주천을 경유해서 평창까지 갈 생각이다. 평창 대화까지
갈 계획이지만 정확한 것은 가봐야 알 것 같다. 편의점에서 컵라면으
로 아침을 대신한다. 그런데 이른 아침인데도 편의점에는 나 말고도
몇 사람이 더 있다. 60대 후반으로 보이는 나이 드신 분도 있다. 여성
도 있다. 저런 사람들은 어째서 이른 아침부터 컵라면일까?

영월 주천으로 가는 도로는 어제 관광안내소에서 미리 확인해 두었
다. 제천역에서 의림대로를 따라가다가 중앙교차로에서 우측으로 가
면 주천으로 가는 도로가 나온다고 했다. 그런데 지금 나의 현 위치
는 제천역이 아니다. 찜질방에서 출발했기에 바로 장락삼거리로 이동
한다.

장락삼거리

장락삼거리에 이르니 영월 30, 쌍룡 10킬로미터라고 적힌 이정표가 나타난다. 이어서 고암삼거리에 이르고, 이곳에서 좌측으로 진행한다. 평창과 주천으로 가는 방향이다. 82번 일반국도를 따라 걷게 된다. 주변 환경은 바로 시골스러워진다. 둔전골사거리에서 직진하니 청호주류가 나온다. 청호주류를 지나 도로 우측에 에콜리안 제천C·C가 있는 것을 확인하고 이곳에서 15분 정도를 더 가니 지실사거리에 이른다. 이곳에서도 주천 방향으로 진행해야 한다. 그런데 도로가 여러 곳으로 갈라져서 약간 헷갈릴 수가 있겠다. 더구나 교통표지판도 시원찮다. 그렇지만 교통표지판에 적힌 82번 도로 표시만 확인하고 따르면 된다.

82번 도로를 따라가다 보면 도로 좌측에 도화교회가 보이고 이어서 지곡마을에 이른다. 주변의 논은 벌써 나락을 다 베어버렸다. 가을 냄새가 물씬 풍긴다. 도로 좌측에 제천시 영원한 쉼터가 나오고 잠시 후에는 송학면 포전리에 이른다. 포전리 마을 표석과 제천 점말동굴 유적지 안내판이 몇 미터 사이를 두고 나란히 서 있다. 그런데 신기하게 생긴 마을 표석이 눈길을 끈다. 석재로 된 직육면체 받침대 위에 역삼각 모형의 표석이 얹혀져 있다. 역삼각인데도 불안하지가 않고 안정적이다. 도로 좌측편 1.5킬로미터 거리에 있다는 제천 점말동굴 유적도 꽤 소중한 선사 시대유적지인데, 오늘은 바쁘다는 핑계로 그냥 지나가야만 한다. 남한지역에서는 최초로 확인된 구석기시대의 대표적인 동굴유적인데도 말이다. 이어서 역시 도로 좌측에 사각기둥으로 된 포전리 갈골마을 표석이 나온다. 갈골마을에 이어지는 송한1리. 이곳 마을 표석은 물고기 모양인 붕어형이다. 그러고 보니 마을 표석도 갖가지 모양이다. 마을의 특징을 상징하는지는 모르겠다.

그런데 아무리 걸어도 주천에 대한 안내판은 나오지가 않는다. 할 수 없이 주천까지의 거리가 궁금해서 지나가는 행인에게 물었다.

"여기에서 주천까지의 거리가 얼마나 되는지요?"

"한 20킬로 될겨. 50리 정도."

50리라. 주천면 소재지를 말할 것이다. 행인은 꼭 필요한 단어만 내뱉고 뒤도 돌아보지 않고 자기 갈 길을 간다. 시골이지만 나름 바쁜 사람이란 걸 알 수 있겠다. 그런 행인의 뒷모습에 인사를 드리고 나도 내 길을 간다.

송한1리에서 출발한 지 25분 만에 송한2리에 이른다. 이곳 송한2리는 '효자 효부의 마을'인 모양이다. 마을 표석에 그렇게 적혀 있다. 도로 좌측에는 오미리가 위치해 있다. 다시 20여 분 만에 드디어 강원도에 들어섰다. 영월군 주천면에 진입한 것이다(09:28). 도계를 알리는 대형 표지판이 세워져 있고, 그 표지판에는 '하늘이 내린 살아 숨 쉬는 땅 강원도'라고 적혀 있다.

강원도에 진입. 영월군 주천면에 들어선다

　강원도는 이번 국토종단 길의 마지막을 장식하는 도다. 지금까지 전라남도 해남 땅끝에서 출발하여 광주광역시, 전라북도, 충청북도, 경상북도, 다시 충청북도를 거쳐 이곳 강원도까지 왔다. 강원도에 들어서니 이제 국토종단도 거의 끝나가는 기분이다. 새롭게 힘이 난다. 도로 주변은 강원도의 정취가 물씬 느껴진다.

　다시 15분만에 금마1리에 이른다. 이곳에도 특이한 마을 표석이 세워져 있다. 마을 유래가 적힌 대리석 위에 마을 표석이 세워져 있다. 마을 표석 맞은편에는 이곳이 '농촌건강 장수마을'임을 알리는 대형 입간판이 세워져 있다. 그런데 이상한 것은 이곳에 인도미술박물관이 있다는 것이다. 이런 시골에 인도미술박물관이? 분명 무슨 사연이 있을 텐데 알 수가 없다. 물어볼 사람을 찾으려고 사방을 두리번거렸으나 한적한 시골이라 사람을 구경할 수가 없다. 한참만에 미술관 쪽에서 내려오고 있는 학생을 만나 물었다. 이곳 인도미술관에 대해 잘 알고 있는 듯 자신 있게 말해준다. 미술가인 부인과 교수인 남편이 개인 소장품으로 폐교에 인도미술박물관을 건립했다는 것이다. 그리고 특별한 것은 관장이 상주하여 방문자들에게 작품마다 자세한 설명까지 해준다는 것이다. 그래서 이제는 영월을 찾는 관광객들이 꼭 들르는 관광 코스가 되었다고 한다. 귀가 솔깃해진다. 시간만 충분하다면 들려보겠지만 다음을 기약하고 다시 내 길을 간다.

이어지는 마을은 공순원. 공순원은 신일3리를 달리 부르는 이름이다. '공순원'이란 지명이 예사롭지가 않은데, 마을 표석에 그 유래가 적혀 있다. 요약하면 이렇다.

'공순원은 동은 결운 남은 금마 서는 나래실 북은 마평역곡과 연하여 제천과 평창을 연결하는 597번 지방도가 마을 중심을 지나고, 원주 영월과도 연결되어 교통이 편리하며, 주막거리 자작 안말 한남 등 자연부락을 합하여 공순원이라 한다. 행정구역상으로는 영월군 주천면 신일3리로 칭한다. 주막거리에 공순원 씨의 집이 있어 이곳을 지나는 관원이나 행인들이 숙식을 하였으며…'

주천면사무소에 들러 잠시 휴식

신일교를 통과하고서부터 도로 옆에 상가가 보이기 시작하더니 드디어 그토록 기다리던 주천에 이른다. 주천 중심도로를 지난다. 도로 좌측에 주천파출소가 있다. 그런데 시골 마을로만 알았던 주천이 마치 최소한 읍 정도는 되는 듯이 상가가 번성하다. 면 소재지답게 면사무소, 파출소, 우체국, 농협이 모두 한곳에 있다. 이렇게 이곳이 번성한 이유가 뭘까? 궁금할 수밖에. 마침 목도 마르고 해서 음료수 생각이 나 도로변에 있는 슈퍼에 들러 물어보기로 한다. 신문을 보고 있던 슈퍼 주인은 70대 후반으로 보이는 노인이다.

"시력이 좋으신가 봐요. 안경을 안 쓰고 신문을 보시네요."
"아직도 신문 정도야 충분히 볼 수 있지. 그래도 오래 보면 눈이 아파."
"연세가 있으시니 그러실 테죠. 그래도 대단하시네요. 그런데 여기 주천에 상가가 꽤 많네요. 나는 그냥 시골로만 생각했는데…"
"주천이 그냥 주천이 아냐. 옛날에는 대단했지. 조선 시대에는 이 지역이 영서 지방의 교통의 요지였어. 그때부터 원주에서 이곳을 거쳐 평창·임계를 지나 강릉까지 가는 도로가 있었지. 영월이나 제천까지도 연결되어 있어. 옛날에는 이곳까지 배가 들어왔어. 주천창에 모인 세곡을 원주의 흥원창까지 보냈거든."

이제 이해가 간다. 주천에 상가가 많은 것이. 이곳까지 배가 드나들었다는 것에 그 답이 있는 것 같다.

이번에는 파출소를 찾아간다. 오늘 최종 목적지인 대화까지의 거리를 확인하기 위해서다. 처음에는 경계의 눈초리를 보이던 경찰관은 나의 설명을 듣고서는 신이 나서 설명을 이어간다. 자신도 예전에 대화에서 비박을 했다는 것이다. 그곳에는 화장실도 근처에 있어서 텐트 치기에도 최적지라고 한다. 그런데 그곳까지의 거리가 좀 멀다는 것이다. 경찰관의 확인에 의하면 이곳 주천에서 평창까지가 27킬로미터이고, 평창에서 대화까지가 약 10킬로미터 정도 된다고 한다. 그렇다면 조금만 빨리 걸으면 8시간 정도면 갈 것 같다는 계산이 나온다. 감사의 인사를 드리고 나서려는 순간, 처음에 나를 경계하던 경찰관이 잠깐만 기다리라고 한다. 먼 길까지 가야 하니 차분하게 커피라도 한 잔 마시고 가라는 것이다. 이렇게 고맙고 반가울 수가! 커피 물을 끓이는 동안 다른 경찰관이 비닐봉지에 사과 다섯 개를 담아 주신다. 가다가 먹으라면서. 과분한 호의에 몸 둘 바를 모르겠다. 이런 감사함을 어떻게 다 표현해야 할지!

파출소 문을 나설 때는 문밖까지 나와서 파이팅을 외쳐주시던 경찰관. 너무너무 고맙다. 발걸음이 한결 가벼워졌다. 궁금했던 대화까지의 거리도 확인했고, 주변 환경까지 확인됐다. 덤으로 걸으면서 먹을 사과까지 확보했으니. 금상첨화가 아닌가! 궁금했던 게 일거에 해결된 것이다. 그것도 아주 말끔하게. 이 순간, 정말 행복한 시간이다. 나는 알고 있다. 이 순간이 훗날에 펼쳐 보게 될 아름다운 추억의 한 장으로 반드시 남으리라는 것을. 그것도 아주 잘 산 날 중의 하나로. 나는 오늘 이 순간이 어떤 의미인지도 알고 있다. 앞으로의 내 삶의 방향을 제시받았다는 것을. 나도 그렇게 살아가야 된다는 것을. 세월이 많이 지난 어느 날 나는 말할 것이다. 고심 끝에 국토종단을 시작했고, 국토종단을 통해 세상을 달리 보게 되었다고. 긍정적으로 보게 되었고, 배려와 역지사지를 실천할 수 있게 되었다고.

다시 길 위에 섰다. 그런데 또다시 주천파출소 경찰관들의 모습이 떠오른다. 고마움 때문일 것이다. 아니, 나만이 알고 있는 양심의 가책 때문일지도 모르겠다. 나는 그동안 어려움에 처한 누군가에게 아무 계산 없이 밥 한 그릇 사줘본 적이 있던가? 몇 푼의 돈이라도 쥐어주며 도와줘본 적이 있던가? 아무런 계산 없이 말이다. 얼굴이 화끈거린다.

사실 이번 국토종단길에 영월 지역은 이곳 주천만 살짝 지날 뿐인데 이곳에서 이렇게 큰 호의를 받다니. 영월이라는 땅이 새롭게 느껴진다. 영월은 산악이 중첩한 산간 지역이다. 그렇지만 영월에도 빼어난 역사 유적지가 있고 생태계 보존이 잘되어 있어 연중 관광객의 발길이 끊이지 않는다. 조선 6대 왕인 단종이 잠든 곳인 장릉이 시내 중심부에 있고, 단종이 세조에게 왕위를 빼앗기고 유배되었던 곳인 청령포가 남면 광천리 남한강 상류에 있다. 또 굴 안에 4개의 호수를 비롯하여 3개의 폭포, 10개의 광장이 있다는 고씨굴이 김삿갓면 진별리에 있다. 그 외에 정선군과 영월읍 일대를 흐르는 동강, 별호인 김삿갓으로 불리는 난고 김병연을 기념하는 김삿갓 유적지가 하동면 와석리 노루목에 조성되어 있다. 유적지만 있는 게 아니다. 특산물 또한 영월

답다. 영월의 특산물로는 더덕와인을 들 수 있다. 무주에 머루와인이 있듯이 영월에도 지역적인 특성을 살린 더덕와인이 대표적인 특산물로 자리 잡고 있다.

다시 내 길을 간다. 도로 주변에는 수수가 많이 재배되고 있다. 수수는 아마도 지금은 강원도에서만 볼 수 있는 특별한 작물이 아닐는지? 걷고 있는 도로는 여전히 82번 일반국도. 걸으면서도 머릿속은 아직도 조금 전에 헤어진 주천파출소 경찰관들 생각뿐이다. 국토종단을 출발하기 전에 마음먹었던 다짐들이 있다. '사람을 많이 만나자, 많이 보고 많이 듣자, 자세히 기록하자'였다. 그렇게 실천하고 있는 걸까? 꼭 그렇게 해야 할 것이다. 나 자신을 깨우치기 위해서라도 그렇게 해야 할 것이다. 60대 중반에 들어선 지금, 이번 국토종단길이 나에게는 흔치 않을 기회이기에 더욱 그렇다.

주말이라 벌초하러 나온 사람들이 많다. 추석이 가까이 오긴 온 모양이다. 도로 좌측에 무릉도원면이 나온다. 면 이름이 참 신기하다. 아마도 애초부터는 아니고 뭔가 계기가 되어 도중에 개명했을 듯하다. 궁금해서 그냥 지나칠 수가 없다. 그런데 이곳 역시 주변에 사람이 없어 물어볼 수가 없다. 불가피하게 면사무소에 전화를 거는 수밖에. 토요일 휴일임에도 당직자는 짜증 내지 않고 밝은 목소리로 자세히 설명해 준다. 무릉도원면이 2016년 11월까지는 수주면이라는 이름을 사용했다고 한다. 지금의 명칭은 면내에 무릉리와 도원리라는 마을이 있는데, 이 두 마을 이름에서 딴 것이라고 한다. 이외에도 영월군에는 재미난 이름으로 바뀐 면 이름이 많다면서 알려준다. 2009년에는 하동면이 김삿갓면으로, 서면이 한반도면으로 각각 변경되었다고 한다. 면 직원이라서 그런지 관내 사정에 해박한 것 같다. 통화 말

미에 내가 고맙다는 인사를 드리자 오히려 자기 면을 방문해 주셔서 감사하다는 말을 덧붙이면서 유쾌하게 수화기를 놓는다. 전화 걸기를 참 잘한 것 같다. 궁금증도 해결됐고 덤으로 몇 가지를 더 확인할 수 있었으니.

'발전'이란 걸 생각해보게 된다. 영월군의 3개 면 명칭이 바뀐 것을 알고서다. 발전의 사전적 의미는 '더 낫고 좋은 상태나 더 높은 단계로 나아감'이다. 영월군의 면 명칭 변경도 분명히 그런 차원에서 결정되었을 것이다. 더 좋은 상태로, 더 높은 단계로 나아갔을 것이다. 관광은 인지도가 아주 중요하다. 그런 측면에서 본다면 '무릉도원'이나 '한반도', '김삿갓'이라는 명칭은 최고의 면 이름이 아닐까 생각한다. 물론 오랫동안 사용해 온 명칭을 하루아침에 바꾼다는 게 쉽지는 않았을 것이다. 변경으로 인한 경제적인 비용 지출도 무시하지 못할 것이고, 기득권을 이해시키는 문제도 그럴 것이다. 그런데도 장기적인 발전을 위해서는 변화가 불가피했을 것이다. 영월군의 발전을 위한 노력과 용기에 진심으로 응원의 박수를 보낸다.

도돈이 이젠 17킬로미터 남았다는 표지판을 보면서 지나간다. 도로는 한적하다. 승용차만 간간이 다닐 뿐이다. 아마도 이곳 도로는 일년 내내 이럴 것 같다. 이런 도로변의 가로수는 무료하지 않을까? 하는 괜한 상상도 해 본다.

아침치에 이르고 고갯마루에 올라서니 '영월버섯관광농원'이라는 대형 입간판이 서 있다. 도로변에는 띄엄띄엄 외딴집이 나타났다가 사라지기를 반복한다. 몇 시간 만에 한 번씩 지나가는 시골버스는 좌석이 텅텅 비어있다. 어떤 때는 버스 기사 혼자서 타고 다니는 경우도 있다. 요즘 어느 지역이고를 막론하고 지방은 다 마찬가지일 것이다. 사람 자체가 없으니 도리가 없겠지. 뿐만 아니라 자가용은 집집마다 다 보유하고 있으니….

판운리를 통과한 뒤부터 도로 우측에는 흐르는 강이 나와 함께하고 있다. 평창강이다. 이곳의 가로수는 은행나무다. 도로변 좌측에는 펜션 단지가 이어지고 있다. 이런 곳에 펜션이? 강과 펜션이 어울리는 조합임에는 틀림이 없지만, 이런 깊숙한 곳에 있는 펜션을 찾는 사람들은 대체 어떤 사람들일까? 너무 깊은 곳, 너무 멀리 떨어진 곳에 있다는 생각에서다. 쓸데없는 걱정을 하는 사이에 판운교를 통과한다.

이제부터는 평창 땅에 진입한 것 같다. 대하리를 지나고 발길은 이제 대상리로 접어든다. 계속해서 강을 우측에 두고서 걷는다. 강도 계속해서 나를 따라오고 있다. 가을날 오후의 햇빛이 참 따사롭다. 가을볕에는 무슨 신비한 약 기운이라도 박혀있는지 걸어도 걸어도, 쬐어도 쬐어도 지루한 줄을 모르겠다. 마지삼거리를 통과한 후 조금 더 가니 마지리에 이른다. 도돈리마저 통과한다. 여전히 평창강을 옆에 끼고 걷는다. 약수마을을 통과하고 유동리에 이른다. 시멘트로 된 원형 받침대 위에 유동리 마을 표석이 서 있다. 유동삼거리에 이르고 이곳에서 직진으로 진행한다(우측 길로도 가능하나 더 멀다). 이 근방에도 대추나무가 많은 것 같다. 조금 전부터 대추나무가 자주 보였었다. 강 건너편에서는 마을 체육행사를 하는지 스피커를 통해 들려오는 경쾌한 소리가 요란스럽다. 운집해 있는 사람들도 어렴풋하게 보인다. 알고 보니 오늘이 평창 백일홍 축제가 열리는 날이라고 한다.

도로 좌측에 하2리 마을이 나타나더니 좀 더 진행하니 하리교차로에 이른다. 이곳에서 좌측은 장평, 방림으로, 우측은 제천, 영월로 그리고 직진은 정선, 미탄으로 가는 방향이다. 드디어 좌측 편에 평창경찰서가 보이기 시작한다. 이곳 교차로에서 국토종단 진행 방향인 뱃재로 가려면 좌측으로 가야 하지만 이왕 이곳까지 왔으니 잠시 평창읍을 들르기로 한다. 평창읍으로 들어가서 거리도 구경하고 군청에 들러 관광 지도도 얻을 생각이다. 사거리에서 직진으로 간다.

평창시내 하리교차로

몇 개월 지나면 동계올림픽이 열리는 평창읍 거리치고는 너무 한산하다. 사람들도 별로 보이지가 않는다. 바로 군청으로 직행한다. 군청 청사는 여러 공사가 동시 다발적으로 진행 중이다. 민원실에 들렀으나 이곳도 공사 중이라 직원의 안내를 받을 수가 없다. 토요일임에도 일부 직원들은 출근하여 분주하다. 동계올림픽 준비 때문일 것이다. 간신히 지도 한 장만을 얻고서 나온다. 평창은 2018년 평창 동계올림픽이 개최되는 도시다. '86아시안게임과 '88서울올림픽에 직접 참여하여 준비하고 성공적인 개최에 일익을 맡았던 나로서는 새로 동계올림픽이 개최된다는 평창 땅에 서고 보니 감회가 새롭다. 이번 2018년 평창동계올림픽이 성공적으로 개최되어 대한민국이 명실공히 세계적인 스포츠 강국으로 우뚝 서기를 바란다. 그래서 동계올림픽 개최가 국위선양에도 큰 몫을 해내기를 진심으로 바란다. 지금은 나라가 어려운 때다. 북핵 문제가 그렇고, 중국과의 사드 배치 문제가 또 그렇다. 이것만이 다가 아니다. 미국, 일본, 러시아 등 주변 강대국들과의 관계 설정도 그 어느 때보다도 중요하고 어려운 시기다. 잘 헤쳐 나가야 할 텐데….

평창군은 1읍, 7면 1출장소의 행정구역으로 구성되어 있다. 군의 총면적은 1,463.8㎢로 강원도 총면적의 8.7%에 해당하며 총인구는 43,000명 정도다. 이렇게 자세히 소개하는 이유가 있다. 이런 작은 규모의 일개 군 지역에서 조금 있으면 세계적인 스포츠 축제인 동계올림픽이 개최되기 때문이다. 지금 세계인의 눈은 이곳 평창을 주목하고 있을 것이다. 2018년 2월 동계올림픽이 끝날 때까지 말이다. 이러한 때에 대한민국 국민이라면 그냥 두고만 볼 일이 아니다. 전 국민이 하나가 되고 전국의 시군이 합심하여 세계적인 스포츠 축제인 평창동계올림픽을 반드시 성공적으로 치러내야 할 것이다.

군청을 나오면서 우측에 있는 경찰서에 들러 대화까지의 거리를 다시 한 번 확인한다. 주천파출소 경찰관들과 같은 답을 말해준다. 바로 대화를 향해 발걸음을 옮긴다. 하리교차로로 다시 돌아가서 우측으로 향한다. 교통표지판은 장평, 방림 방향이라고 알리고 있다. 도로가 아주 넓게 확장되었다. 엄청 넓다. 내년 2월에 열리는 평창 동계올림픽을 대비한 교통 대책의 일환일 것이다. 자동차들이 쌩쌩 달리고 있다. 모두 다 규정 속도를 위반하고 달린다. 아주 위험하다. 걷는 내가 정신 바짝 차려야 될 것 같다.

걷고 있는 도로는 어느새 바뀌었는지 31번 일반국도이다. 다수삼거리에 이른다. 다수리 마을은 도로 좌측에 있다. 삼거리에서 직진하니 후평리가 나온다. 제대로 된 길을 걷고 있는지 조금은 불안하던 차에 재밌는 것을 발견한다. 도로 우측에 있는 평창석재에 이르렀을 때다. 창고처럼 생긴 시설물 벽에 '도로안내'라는 제목으로 평창에서 방림삼거리를 거쳐 새말로 가는 방향과 대화, 장평으로 가는 방향을 아주 자세하게 그려놓았다. 약도는 소박하지만, 누구라도 이 약도만 보면 묻지 않고서도 찾아갈 수 있도록 자세히 그려놓았다. 정부가 해야 할 일을 일개 개인이 해놓았다. 이 약도를 보면서부터 방림삼거리를 지나 대화 방면으로 가는 길이 훤해졌다. 마침 밖에 나와 있는 평창석재 주인어른께 물었다.

"여기가 후평리 맞지요?"

"맞아."

"죄송하지만 방림삼거리까지는 얼마나 남았습니까?"

"조금만 더 가면 금방 나와"

"그러면 방림삼거리에서 대화를 찾아가려면 어느 쪽으로 가야 하는지요? 왼쪽인가요, 오른쪽인가요?"

"저기 벽을 봐봐."

"아! 저기가 방림삼거리…"

"…"

"아 그런데 왜 저렇게 깨끗한 창고 벽에 힘들여 도로 위치를 그려놓았습니까?"

"하도 잠자는 사람을 귀찮게 해서. 밤 12시가 넘어서도 잠자는 사람을 깨워 놓고 길을 물어보는 사람들이 있어."

이해가 간다. 그리고 정말로 고맙다. 얼마나 귀찮았으면 저렇게까지 하셨을까. 이젠 누구라도 저 벽만 한 번 쳐다보면 길 때문에 고민은 하지 않을 것이다. 밤 12시가 넘어 길을 묻느라고 주인어른을 귀찮게 하지 않을 것 같다. 주인어른께 감사 인사를 드리고 내 길을 간다.

어느 개인이 창고 벽에 그려놓은 도로안내판

주진리를 통과하니 진부 46, 방림 4킬로미터라고 알리는 교통표지판이 나타난다. 주진삼거리를 지나고서부터는 아직 차선도 그리지 못한 도로를 걷게 된다. 주진2리에 이르러 특이한 마을 표석을 발견한다. 표석에 '88서울올림픽기념 주진2리'라고 새겨져 있는 것이다. 주진2리가 서울올림픽과 무슨 관련이 있어서? 아니면 우리나라에서 올림픽을 개최하는 것이 국가적인 영광이라서? 후자일 것 같다. 주진2리를 지나 해발 400미터인 뱃재 오르막을 오른다. 도로 우측은 신도로 터널 공사가 한창이다. 오르막이 거의 끝날 무렵에 '여기는 뱃재 정상입니다. 해발 470미터.'라고 적힌 교통 표지판이 나타난다. 교통 표지판을 지나 긴 오르막을 넘으니 해발 470미터인 뱃재 정상에 이른다 (17:35). 방림면에 진입한 것이다. 멋진 홍보 문안이 방림면 교통표지판 옆에 있다. '꽃과 숲이 아름다운 마음의 고향' 방림면을 가리키는 문안이다.

　뱃재 정상에서 내려간다. 계속해서 내리막길이다. 도로 양옆의 숲이 정말로 아름답다. 좌측은 잣나무, 우측은 낙엽송과 소나무가 멋진 숲을 연출하고 있다. 방림면 상징 문안이 조금도 무색하지 않도록 말이다.

뱃재에서 내려간다. 방림삼거리가 보인다

그새 해가 많이 기울었다. 조금 있으면 어둠이 깔릴 것 같다. 내리막 길 끝에 삼거리에 이른다(18:50). 평창석재 벽에 그려진 약도에서 본 바로 그 방림삼거리다. 우측에는 방림치안센터와 경찰 검문소가 있고, 좌측은 개수리, 우측은 안미리를 거쳐 대화로 가는 길이다. 이곳에서 갈등이 생긴다. 원래 계획은 오늘 대화까지 가기로 되어 있다. 그런데 이 시각에 대화까지 가기에는 아무리 서둘러도 시간이 부족할 것 같다. 일단 방림치안센터에 들어가서 대화까지의 정확한 거리를 확인해야겠다. 경찰관에게 물었다. 경찰관은 이곳에서 대화까지는 8킬로미터라고 하면서 이 시각에 걸어가기는 무리라는 말을 덧붙인다. 답이 나와 버렸다. 지금 시간이 6시 50분. 앞으로도 두 시간은 더 가야 하는데, 어둠 속에서 갓길을 걷는 것은 너무 위험하다. 대화행을 포기하고 오늘은 이곳에서 멈추기로 한다. 그런데 결정을 하고 나니 또 새로운 고민거리가 생긴다. 오늘 밤 잠자리가 문제다. 전혀 준비가 되지 않은 이곳 어디에 텐트를 쳐야 하고, 식사는 또 어떻게 해결해야 하나?

석양의 하늘과 하늘 아래 숲이 참 아름답다. 석양은 누구에게 뭔가를 꼭 보여주고 싶어 하는 그런 그림을 연출하고 있다. 하루의 피로에 지친 나에게 보내는 메시지일지도 모르겠다. 오늘 국토종단 걸음은 뜻하지 않게 이곳 방림삼거리에서 마친다. 주천파출소 경찰관이 적극 추천하던 대화를 눈앞에 두고서 말이다. 전혀 정보가 없는 이곳에서 걸음을 멈춰야만 하는 마음이 무겁다.

이른 새벽 제천시내 편의점에서 아침을 때우던 이들의 모습이 아직도 눈에 선하다. 60대 후반으로 보이는 나이 드신 분도, 여성도 있었다. 바쁜 일과 중임에도 나그네를 위해 컴퓨터를 뒤져 대화까지의 거리를 확인시켜 주고 커피와 사과까지 주면서 격려해 주던 주천파출소 경찰관들의 모습도 떠오른다. 평창석재 창고 벽에 그려진 이곳 방림삼거리 위치도는 두고두고 잊지 못할 명화로 남을 것 같다. 세상이 이렇다. 사회가 아직도 이렇게 훈훈하다. 아직 살 만한 곳인 것이다.

자신이 원했던 삶을 사는 사람은 그리 많지 않다고 한다. 나는 어떤가? 국토종단, 내가 원했던 거다. 간절히 원했었다. 몇 년 전부터 가슴에 품고 기다려 온 과제였다. 결국은 출발했고, 이렇게 순조롭게 진행되고 있다. 난관이 많지만 많은 것을 얻고 배우고 있다. 감사할 일이다.

낯선 도로에서 보내는 9월의 어느 토요일. 소리 없이 저녁을 맞고 있다. 또 이렇게 하루가 지나간다.

👟 오늘 걸은 길

제천시내 → 장락삼거리 → 고암삼거리 → 지실사거리 → 송학면 포전리 → 영월군 주천면 금마1리 → 주천 → 유동삼거리 → 평창읍 → 다수삼거리 → 주진삼거리 → 뱃재 → 방림삼거리(53Km, 13시간 10분)

14

열 넷 째 　 걸 음

평창군 방림삼거리에서
평창군 상원사까지

주천에서 일러준 대화를 확인하고,
모릿재에서 행복한 모닝 커피를 마셨지만 믿었던 어둠 속
상원사에서 뒤돌아서야만 하다

이동경로

방림삼거리→ 대화→ 신리삼거리→ 모릿재터널→ 마평1리→ 청심대
→ 진부→ 월정사→ 상원사(캔싱턴플로라호텔 근처 도로변에서 야영)

여느 때처럼 새벽 4시에 기상. 어제저녁은 자주 뒤척이다 새벽을 맞았다. 약간 춥기도 했고 배도 고팠다. 마을 정자를 찾지 못해 마을 끄트머리 공터에 텐트를 친 것이 화근이었다. 식당도 못 찾아 배낭에 있던 빵 쪼가리를 먹고 그냥 잠에 빠졌다. 국토종단 전체 일정 중 한 번 정도 있을 둥 말 둥 한 그런 일이 어제저녁에 발생한 것이다. 계획의 차질이 원인이다. 계획된 곳까지 가지 못하고 도중에 낯선 곳에서 멈춰 밤을 보냈기 때문이다. '계획의 착실한 이행'의 중요성을 실감한 하루였다. 오늘은 대화, 진부를 거쳐 상원사까지 갈 계획이다. 배낭에 남아있는 물로 허기를 달래고 평소보다 이른 새벽 5시 30분에 출발한다.

어느 길이라고 다를 리 없겠지만 특히 국토종단처럼 쉬지 않고 장시간 걸어야 하는 길 위에서의 하루 시작은 이를수록 좋은 것 같다. 그

래야만 하루의 마침에 여유가 있고, 내일을 차분하게 준비할 수도 있기 때문이다. 아침 식사는 대화에 가서 할 생각이다. 배는 고프지만, 주천파출소 경찰관이 적극 추천하던 대화를 직접 확인해 보고도 싶고 여러 가지가 궁금하기도 해서다.

어둠이 채 가시지 않은 새벽길. 차량이 아주 뜸하고 거의 모든 것이 멈춰있다. 자연스럽게 걸음은 빨라진다. 걷고 있는 길은 31번 일반국도다. 좌측의 개수리를 지나고 우측의 안미리에 이르니 이젠 문화마을이 지척이다. 어둠이 조금씩 걷히기 시작한다. 문화마을이라는 표지판을 확인하고 계속 진행하니 '대화'라는 글자들이 도로 우측에 나타나기 시작한다. 이번에는 도로 우측에 대화 버스터미널이 나타난다. 대화에 다 온 것이다. 도로 우측으로 난 길을 따라 마을 안으로 들어간다.

대화는 그저 그렇고 그런 시골이 아니다. 건물들을 봐서는 읍 정도는 되는 마을 같다. 우선 밥집을 찾아야 한다. 벌써 김이 모락모락 피어나는 국밥집이 보인다. 좀 더 안으로 들어가 본다. 길가에 물건들을 펼치는 사람들이 여럿 보인다. 시장터다. 그중 내 나이 정도로 보이는 남자에게 물어보았다. 오늘이 대화 장날이라고 한다. 시장 옆에 공중화장실도 보인다. 주천파출소 경찰관이 알려준 바로 그 화장실일까? 이른 아침인데도 시장의 아침은 조용하지가 않다. 상인들의 손님맞이 준비 때문이다. 시골의 맛은 장터에서 생긴다고 했다. 정말 그런 것 같다. 아침 식사부터 해결해야겠다. 조금 전에 김이 모락모락 피어나던 그 식당을 다시 찾아간다.

국밥 전문집이다. 장날은 항시 바쁘다면서 새벽부터 이렇게 준비해야 한다고 한다. 벌써 단골 몇 사람이 왔다 갔다고 한다. 시골 동네에 무슨 상가가 이렇게 많냐고 물으니 대화 5일장은 예전부터 유명한 장터였다고 열변을 토한다. 멀리 제천에서도 이곳 장터를 찾아올 정도였다고 한다. 알고 보니 대화장이 옛날에는 대단한 장터였었다. 매월 끝자리 4일과 9일에 열리는데 조선 시대에는 우리나라 10대 장터 중의 하나였다. 그래서 그런지는 몰라도 도롯가에 있는 건물, 상가들이 시골 면소재지라고는 도저히 믿기지가 않는다. 작은 도시처럼 보인다. 역사와 전통은 무시할 수 없는 모양이다. 사람들이 하나둘씩 늘어나는 것을 보면서 시장터를 빠져나온다. 다시 시외버스터미널 옆 31번 도로에 선다. 진부를 향해 출발한다. 이곳에서 진부까지는 20킬로미터라고 한다. 11시쯤이면 도착할 것 같다.

평창군 대화면 신리삼거리. 이곳에서 우측으로

황사인지 연무인지 모를 짙은 입자가 어제처럼 뿌옇게 공중에 떠 있다. 31번 일반국도 좌측의 하천 건너편에서는 이른 아침부터 스피커에서 울려퍼지는 소리가 요란하다. 장날에는 원래 이러는 건지 아니면 다른 행사가 있어서 그런지는 모르겠다. 도로 좌측에 홍연교라는 다리가 설치되어 있다. 대화사거리를 지나 상대화교를 지나니 대화3리에 이른다. 좌측에 광천리라는 마을이 있다. 광천을 지나 대화6리에 이른다. 이곳 마을 표석은 참으로 투박하게 생겼다. 그래서 더 정이 가는 것 같다. 받침대 위에 바위 원석을 그대로 세워 마을 표석을 만든 것이다. 마을 앞에는 대형 비닐하우스 여러 동이 있어 마치 기업형 농장처럼 보인다.

이어서 신리교를 지나니 신리삼거리에 이른다. 이곳에도 교통표지판이 있다. 직진은 평창IC, 우측은 마평리를 가리킨다. 직진하는 31번 도로는 평창대로이고, 우측으로 가는 도로는 모릿재터널을 넘어 진보로 가는 모릿재로이다. 모릿재를 향해 우측으로 진행한다. 도로 주변은 여전히 풍요롭게 보이는 농촌 풍경이 펼쳐진다. 가을걷이를 기다리는 작물들이 탐스럽다. 도로 좌측 밭 가운데에 주택이 한 채 있다. 무슨 가족 행사가 있는지 안마당과 대문 앞에는 여러 대의 승용차가 주차되어 있고, 객지에서 찾아온 듯한 자식들로 보이는 중년들이 마당 안에서 분주하다. 가끔씩 모습을 보이는 노인의 얼굴이 아주 행복해 보인다. 나에게도 저런 추억이 있다. 어머님이 살아계실 때다. 명절을 맞아 고향에 내려가면 어머님은 그렇게 기뻐하셨다. 우리를 보는 것만으로도 종일 미소가 떠나지 않으셨다. 오늘 저 집이 그런 날인 모양이다. 오래오래 웃음꽃이 만발했으면 좋겠다.

좌측에 학교 건물이 보인다. 신리 초등학교다. 신리 초교를 지나니 신리교가 이어진다. 대화에서 이곳까지 대략 1시간 정도 걸린 것 같다. 이런 길에서는 서두를 필요가 없다. 맘껏 해찰을 부리며 시골 정취에 취하고 싶어진다. 신5리에 이르러 마을 표석을 또 발견한다. 표석에는 '신5리 옷거름 고토동'이라고 적혀 있다. 옷거름 고토동이란 의미를 아무리 생각해도 모르겠다.

지금 걷고 있는 도로는 해발 고도가 500미터를 넘고 있다. 도로 양옆에는 탐스러운 무가 자라고 있는 무밭. 사이사이에 띄엄띄엄 아름답고 규모 있는 농가 주택이 자리 잡고 있다. 평범한 농부의 집인데도 특별한 별장처럼 보인다. 이곳 농민들의 소득 수준을 말해주는 것만 같다. 집집마다 승용차가 두 대씩 주차되어 있는 것은 기본이다. 도로는 이렇게 내게 언제나 새로운 세계를 만나게 해준다. 가도 가도 걸어도 걸어도 같은 듯 다른 세계를 만나게 해준다. 조금 더 진행하니 우측에 신5리교가 나타난다. 걷고 있는 도로의 해발 고도가 점점 높아가고 있다.

평창 땅을 걷다 보면 누구나 한번쯤은 'Happy 평창 700'이라는 글귀를 보게 될 것이다. 여기서 말하는 700이라는 숫자는 평창의 평균적인 해발 고도를 의미한다. 해발고도 700미터는 인간에게 여러 가지로 유익하다고 한다. 인체에 가장 적합한 기압 상태로 생체리듬이 가장 좋고, 인간의 생활과 모든 동식물의 생육에 최적의 조건을 갖춘 곳이라고 한다. 그리고 보면 평창은 복 받은 지역이 아닐까? 그런 데다가 내년 2월이면 동계올림픽까지 열리니 말이다. 평창은 지금 국제도시로 발돋움하고 있는 중이라고 해도 될 것이다. 그런 땅 평창을 지금 걷고 있다. 평창은 태백산맥에 위치해 있어 해발 고도가 700m 이상인 곳이 전체 면적의 약 60%를 차지한다. 이런 지형적인 특성을 잘 살려 특산물이 생산되고 있다. 평창 감자, 대관령 한우, 대관령 황태 등이다. 국내외 많은 사람들이 즐겨 찾는 관광지도 있다. 이효석 문화마을, 대관령 하늘목장 등이다. 평창군 봉평면에 자리 잡고 있는 이효석 문화마을은 지난 1990년도에 문화관광부로부터 '전국 제1호 문화마을'로 지정되었고, 이곳에서는 해마다 '메밀꽃 필 무렵 효석문화제'가 열린다. 대관령 하늘목장은 월드컵경기장 500개에 달하는 약 1,000만 ㎡ 규모의 거대한 목장이다.

짙게 깔렸던 안개가 서서히 걷히려고 한다. 동시에 해가 나오려고도 한다. 그래서 그럴까? 강원도 들녘에서만 볼 수 있는 특색들이 하나둘씩 나타나기 시작한다. 검붉게 익어가는 수수밭이 보인다. 그 위쪽에는 거대한 고랭지채소밭이 있다. 아주 작은 사과가 열린 특이한 사과나무도 도로변에 심어져 있다. 도보 여행자들의 구경거리로 좋을 것 같다. 구도로라서인지 차량이 뜸하다. 맘껏 자연을 즐기며 한가로이 걸을 수 있어 좋다. 갓길을 고집해서 걸을 필요도 없다. 도로 중앙으로 맘대로 걸어도 좋을 정도다. 마을은 어김없이 또 나타난다. 신3리 마을이다. 도로 우측에 마을회관이 있다. 마을회관 앞에 재미난 표지판이 있다. '자연을 홀딱 주는 장돌뱅이 마을'이라는 마을 소개 안내판이다. 안내판에는 현 위치에서부터 모릿재터널까지의 주변 경관 등 주요 위치를 그려놓았고, 그 우측에는 장돌뱅이에 대한 설명을 해놓았다. 이 설명을 그대로 옮겨 본다.

> 장돌뱅이는 각 장으로 돌아다니면서 물건을 파는 장수이다. 조선시대 이후 근대 이행기까지 상거래의 주역은 보부상이었다. 이들 보부상이 전통사회의 시장을 중심으로 행상하면서 생산자와 소비자 사이에 경제적 교환을 이어주었던 장돌뱅이이다. 이들 보상은 댕기, 비녀, 얼레빗, 연지함, 분통, 염낭, 풍차 등 작고 귀여운 물건을 보자기에 싸서 멜빵을 이용하여 다녔고, 부상은 주로 지게를 이용해서

주로 생선, 토기, 소금, 목기, 수철기 등 식생활 관련 소비품이나 도구들을 취급하였다.

　길을 걸으면서 또 이런 안내판을 보면서 생각하게 된다. '이곳 주민들은 천만금을 주어도 바꾸지 않을 행복한 생활을 하고 있구나.' 하는 생각을 말이다. 지천에 싱싱한 갖가지 채소가 널려 있고, 별장 같은 아름답고 여유로운 주택이 있고, 공기 맑은 산과 계곡 속에 살고 있으니 말이다. 내가 마음속으로 이곳 사람들의 생활을 부러워하는 사이에도 마을회관 앞의 깃발은 천연덕스럽게 홀로 휘날리고 있다.

진부면이 시작되는 모릿재터널 입구

모릿재터널 내부

　도로변의 밭에서 일하고 있는 주민이 있어 다가가서 물었다. 이곳에서 모릿재터널까지, 그리고 진부까지는 몇 킬로미터나 되는지를. 내 말이 떨어지자마자 바로 알려준다. 모릿재터널까지는 2, 진부까지는 15킬로미터 정도 될 것이라고.

　자작정교를 통과하면서부터 긴 오르막이 시작된다. 좌측으로 길이 나 있다. 명지밸리와 묘련사로 가는 길이다. 한참을 오르다가 모릿재터널 200미터 직전에서 누군가가 나를 부르는 소리가 들린다. 도로변 텃밭에서 토마토를 따고 있던 할머니가 나를 불러 세운 것이다.

　"시간 있으면 우리 집에 가서 커피 한 잔 마시고 가."

　"…. 거기서 뭐 하시는 건가요?"

　"토마토 따고 있어. 흑토마토. 약토마토야."

　"커피 주시면 고맙지요. 그런데 저를 어떻게 아시고 그러세요?"

　"아까 장 보고 오면서부터 봤어"

할머니는 약토마토를 따서 몸뻬 바지에 쓱쓱 문지르더니 나에게 건네주신다.

"먹어봐. 약토마토야."

할머니는 나를 데리고 자신의 집으로 가신다. 할머니 집은 모릿재 터널 좌측 아래 양지 바른 곳에 자리 잡고 있다. 주택은 네 채가 있고 그곳 가운데에 위치한 집이 할머니 집이다. 할머니는 집에 들어서면서 "여보. 손님 왔어." 하신다. 집 뒤에서 작업하시던 할아버지는 할머니 소리를 듣고 나와 나를 반겨 주신다. 할머니는 커피를 끓여주시고 토마토를 내어 주신다. 아침밥은 어떻게 했냐고 물으시더니, 라면을 끓여주시겠다고 한다. 극구 사양했으나 할머니는 기어코 물을 끓이고 계신다. 물이 끓는 동안 나에게로 다시 오셔서 벽에 걸린 사진을 가리키며 아들 자랑에 열중이시다. 독일 유학을 마치고 현재는 우리나라 최고의 대기업에 재직 중이란다. 어안이 벙벙하고 미안하기도 하지만 커피와 토마토, 라면을 아주 맛있게 먹고 할머니와 대화가 다시 시작되었다. 할머니는 이런 베푸는 일을 자신이 좋아서, 자신이 복 받으려고 하신다고 한다. 아침에 내가 큰 배낭을 등에 짊어지고 걸어가는 모습을 자동차로 마트에서 장보고 오면서 봤다고 한다. 국토종단을 하는 사람들이 가끔 이 터널 앞을 통과하기에 직감으로 나도 국토종단을 하는 사람이구나, 했다는 것이다. 할머니 부부는 서울에서 회사를 운영하였으며, 이제는 두 분 내외가 연세가 드셔서 이곳 공기 좋은 곳으로 오셨다는 것이다. 할머니가 오시고 이후에 지인들을 불러들여 이제는 네 세대가 모여 살고 있다고 한다. 지금은 건강이 많이 좋아졌으며, 이곳 모릿재터널을 지나는 사람들을 보면 불러서 가끔 차 대접을 하신다고 한다. 진정 이런 게 모두 할머니 자신을 위한 일이라는 걸 한 번 더 강조하신다. 할머니의 한 마디 한 마디는 내 가슴에 잔잔한 파문을 일게 한다. 부러운 생활을 하고 계시는 할머니와 할아버지. 마음속으로 존경심이 차오르는 할머니란 생각을 하게 된다. 밖에서는 할아버지가 하던 일을 계속하고 계시기에 미안하기도 해서, 자리에서 일어나 할머니께 인사를 드렸다. 이제 가봐야겠다고. 너무너무 고맙고 빨리 건강 회복하셔서 행복하게 사시라고. 다음에 꼭 연락드리겠다고. 문을 나서는 나에게 할머니는 활짝 핀 웃음을 만면에 채우면서 사탕을 한 움큼 쥐어 주신다. 가다가 먹으라면서. 할머니의 웃으시는 모습이 너무나 행복해 보여 떠나는 내가 더 뿌듯하다.

살아가면서 여러 길을 걷게 된다. 그런 길 위의 구석구석에 스승이 있다. 오늘도 나는 그런 스승 한 분을 만난 것이다. 사람 간의 만남은 인연이지만, 그 인연이 아름답게 결실을 맺기 위해서는 노력과 정성이 뒷받침되어야 한다. 그리고 진심을 담은 노력과 정성만이 그것을 담보할 것이다. 나도 언젠가는 길을 걷는 누구의 스승으로 남고 싶다. 모든 것은 나의 마음속에 달렸을 것이다.

할머니 집에서 30분 정도를 보내다가 다시 내 길을 간다. 다음에 연락드리겠다고 했으면서도 전화번호나 집 주소는 끝내 묻지 못했다. 혹시 불편해 하실까 봐서다. 하지만 대문을 나서면서 문패를 촬영해 두었다(이 글을 쓰기 직전 어느 날 편지로 감사 인사를 드렸을 뿐, 아직 찾아뵙지를 못했다. 언젠가 꼭 인사를 드릴 생각이다).

길을 나서면서도 자꾸만 뒤돌아봐진다. 할머니네 집들이 참 따뜻하게 보인다. 저곳에 사시는 모든 분들이 행복했으면 좋겠다. 할머니가 오래오래 모릿재 텃밭을 가꿀 수 있었으면 참 좋겠다.

할머니 텃밭에서 조금 올라가니 모릿재 터널에 이른다. 터널 길이는

400미터. 길지 않은 터널이다. 터널을 통과하고서부터는 평창군 진부면 마평리가 시작된다. 터널을 경계로 평창군 대화면과 경계를 이루고 있다. 터널을 통과하자 '오대산 정기 받은 Happy 700 중심. 진부면'이라고 적힌 안내판이 나온다.

모릿재터널을 지나면 진부면이 시작된다

한참을 내려가니 오미자 밭이 나오기 시작하고 마평1리를 통과한다. 도로 우측에 마을회관과 정자가 있다. 주변에 사람이라곤 보이지가 않는다. 당연히 정자에도 사람이 없다. 정자에 올라가서 잠시 휴식을 취한다. 휴식을 취하고 20분 정도를 더 걸으니 청심교차로에 이른다. 교차로는 삼거리이다. 이곳에도 교통표지판이 있다. 직진은 진부,

양양으로, 우측은 태백, 정선으로 가는 길이다. 날이 상당히 덥다. 저절로 그늘을 찾게 된다. 그렇지만 어디에도 그늘은 없다. 삼거리에서 직진으로 조금 오르니 청심대가 나온다. 청심대에는 표석과 정자 그리고 몇 가지 시설을 설치해 놓았다. 시간적으로 여유가 있어 올라가 본다. 남녀 두 쌍의 관광객도 청심대를 오르고 있다. 청심대와 기녀 청심에 대한 안내글이 보인다. 원문 그대로 소개한다.

> 옛날 강릉부사로 부임했던 박양수는 청심이란 기생을 사랑하게 되었다. 청심은 인물 곱고 행실이 단정하며 부사를 섬기는 정성이 지극하여 주위 사람들의 칭송이 자자하였다. 그러나 시간은 흘러, 임기가 끝난 박부사가 한양으로 돌아가게 되자 헤어짐이 아쉬운 청심은 배웅 길에 나섰다. 일행이 강릉을 출발하여 진부면 마평리에 이르자 오대천변의 우뚝 서 있는 빼어난 바위 하나가 있었다. 이곳에서 박양수와 청심은 석별의 정을 나누게 되는데, 제 몸뚱아리 하나로 선비의 마음이 흐트러지는 것을 원치 않았던 청심은 절벽 아래로 몸을 던졌다고 한다. 이 일을 전해들은 이곳 사람들이 기생 청심의 송죽 같은 절개와 숭고한 사랑의 정신을 기리기 위해 청심대를 세우니 보는 이마다 갸륵한 청심의 넋을 높이 우러러보게 되었다. 청심대 옆에는 큰 바위가 하나 있는데 전해 오는 말로는 이 바위를 안고 돌면서 치성을 드리면 아이를 못 낳는 여자가 잉태할 수 있다고 한다. 오늘날에도 인근 주민뿐 아니라 청심의 유래를 들은 많은 사람들이 찾아와 바위 돌기를 하며 옛이야기에 귀를 기울이곤 한다.

청심대에서 내려와 다시 내 길을 간다.

한참을 가다가 신기하게 생긴 신기리 마을 표석을 만난다. 원형 받침대 위에 한반도 지형처럼 생긴 표석이 위에 앉혀져 있다. 다시 외거

문교를 통과하니 좌측에 거문리 마을이 나타난다. 진부에서 양양까지의 거리가 57킬로미터라고 알리는 표지판도 보인다. 이어서 거문교차로를 통과한다. 이곳에는 월정사까지 16킬로미터라고 알리는 표지판이 있다. 잠시 후 높은 건물들이 하나둘씩 보이기 시작하더니 드디어 진부에 도착한다(13:02).

이곳 진부도 우리나라 산줄기 종주 산행 때 버스를 타고 몇 번 들렀던 곳이다. 진부 시내는 도로 공사가 한창이다. 먼저 진부파출소를 찾아간다. 상원사까지의 정확한 거리를 확인하기 위해서다. 땀을 흘리며 들어서는 나를 반갑게 맞아 주시는 파출소 직원들. 상원사까지의 거리를 묻는 나의 요청에 두말없이 컴퓨터를 검색해서 알려 주신다. 땀을 식히라면서 음료수까지 주신다. 한 가지를 더 여쭈었다.

"오늘 저녁은 상원사에서 자려고 하는데 가능할까요? 등산객들을 재워주기도 하는지요?"

"사정 이야기를 하면 가능할 겁니다."

"출발 전에 확인한 인터넷 정보에 의하면 그런 사례들이 있던데…."

"나도 그런 정보를 들은 적이 있습니다. 해 지기 전에 상원사에 도착해서 종무소에 사정 이야기를 해보세요."

"감사합니다."

이번 구간의 숙박이 염려되어 국토종단을 준비하면서 상원사에서의 숙박 가능 여부를 인터넷을 통해 확인은 했지만, 이곳에서 다시 한 번 '가능하다'는 대답을 듣고 싶었다. 가능할 거라는 대답을 준다. 경찰관을 통해 긍정적인 답변을 들으니 마음이 한결 가벼워진다. 하지만 기대는 그저 기대일 뿐일 수도 있다. 모든 키는 상대가 쥐고 있을 테니 말이다. 고맙다고 인사를 드리고 문을 나서는데 경찰관은 냉장고에서 생수 한 병을 꺼내 주신다. 더위에 조심하고, 가다가 시원한 물을 자주 마시라고 당부까지 한다. 이렇게 고마울 수가!

진부에서 김치찌개로 점심을 해결하고 바로 상원사를 향해 출발한다. 상원사까지는 20.7킬로미터(월정사까지는 12킬로미터). 천천히 걸어도 다섯 시간 정도면 충분하다. 오늘 오후는 여유로운 걸음이 될 것 같다. 이제부터는 59번 도로를 따라 걷게 된다. 이 길은 예전에 버스를 타고 몇 번 갔던 길이다. 주변 풍경도 익숙한 편이다. 가우1교차로를 통과한다. 좌측에 방아다리 약수터가 있는 모양이다. 방아다리를 알리는 알림판이 보인다. 한참을 걸은 후 월정사 삼거리에 이른다.

월정사 삼거리

이곳에서 월정사는 좌측 길로 가야 한다. 마트 앞 간이의자에 앉아 담소하는 사람들이 보인다. 좋아 보인다. 여유로워 보인다. 부럽다. 친구 사이일까 아니면 마을 사람들… 나에게도 저런 때가 있었던가? 낮

익은 풍경들이 나타난다. 간평마을도 지난다. 도롯가에는 특산물 판매소들이 자주 나타난다. 산기슭에 자리 잡은 펜션들도 눈에 띈다. 도로 양옆에 서 있는 가로수들도 그리 낯설지가 않다.

가을볕에 물든 가로수를 헤아리며 걷는 일도 참 괜찮다는 생각을 해본다. 가로수만이겠는가? 그렇지 않을 것이다. 봄이면 봄볕에 피어나는 어리디어린 야생초들을, 여름이면 뙤약볕에 익어가는 신록의 무성함을, 겨울이면 하얀 눈으로 덮인 산야의 신비를 감상하면서 걷는 것도 좋을 것이다. 생각만으로도 설렌다. 벌써부터 기대된다. 이런 자연을 가진 우리나라가 정말 좋다. 내가 걷기에 미치기를 정말로 잘한 것 같다.

멀리 앞쪽으로 높은 건물이 보인다. 다가서서 보니 하얀색의 캔싱턴 플로라 호텔이다. 플로라 호텔을 지나자 이번에는 역시 도로 좌측에 오대산 청소년 수련원이 나타난다. 이어서 병안삼거리에 이른다. 길은 계속 직진. 이제부터는 숲 향기 물씬 나는 숲길을 걷게 된다. 잠시 후에 월정사에 도착한다. 오늘 목적지인 상원사는 여기에서도 8.7킬로미터를 더 가야 한다. 계속해서 더 깊은 산속으로 들어선다. 숲속의 찬 기운이 내 몸에 와 닿는다. 차갑다기보다는 청량하다는 표현이 더 어울릴 것 같다. 연화교를 지난다. 계곡 물소리가 들려온다. 아무리 오랫동안 숲길을 걸어도, 아무리 오랫동안 앞으로 나아가도 물소리는 끊이질 않고 들려온다. 숲길만으로도 감사한데 길은 또 걷기 좋은 마사토 길. 이런 길이 또 어디에 있을까. 이런 길만 계속 된다면 목적지가 좀 더 멀어도 좋을 것 같다. 마사토 숲길에서는 저절로 엄숙해진다. 숨소리조차 죽여가며 조용히 걷게 된다. 경건해 보이는 흙의 색깔 때문일까, 아니면 부드러운 촉감 때문일까? 아니면 마사토 길을 묵묵히

호위하고 있는 주변의 수목들 때문일까?

계곡을 흐르는 물의 양은 그리 많지 않지만, 나그네 혼자 걸으면서 즐기기에는 충분하다. 오히려 황송할 따름이다. 나 혼자만을 위해 저 깨끗한 물을 흘려보내는 것만 같아서다. 상원교를 지나고 출렁다리도 지난다. 산속으로 향하는 다리의 모습이 아름답다. 출렁다리를 지나 15분 정도를 더 오르니 이번에는 우측에 선재길이라고 알리는 표지판이 나타난다. '깨달음, 치유의 천년 옛길! 선재길'이라는 제목을 달고 있다. 그 옆에는 선재길 유래를 알리는 알림판이 있다. 알림판에는 다음과 같이 적혀 있다.

> 오대산은 신라시대에 중국 오대산을 참배하고 문수보살을 친견한
> 자장 스님에 의해 개창된 문수보살의 성지로서 문수보살은 지혜와
> 깨달음을 상징하는 불교의 대표적인 보살입니다. 이러한 문수의
> 지혜를 시작으로 깨달음이라는 목적을 향해 나아가는 분이 화엄
> 경의 '선재(동자)'입니다. 이 길을 걸으면서 '참된 나'를 찾아보시기
> 바랍니다.

숲길은 이미 어둠에 점령되었다. 간간이 들려오던 새소리도 이젠 멎었다. 상원사 입구 삼거리에 도착할 때쯤 상원사 쪽에서 털레털레 내려오는 남성을 만난다. 오늘의 마지막 남은 등산객인 모양이다. 삼거리에서 좌측으로 난 길을 따라 허겁지겁 상원사를 향해 오른다. 오늘따라 이 길이 왜 이리도 멀게만 느껴지는지. 바로 종무소를 찾아간다.

상원사 도착을 알리는 표석

담당 직원은 저녁 공양 중이다. 머리를 조아리며 어렵게 말을 꺼냈다. 오늘 저녁 이곳에서 잠을 잘 수 있도록 해달라고. 단칼에 거절한다. 기도 목적으로 오는 사람 외에는 누구도 재워줄 수 없다는 것이다. 관광객이나 등산객은 절대 안 된다는 것이다. 기도 목적으로 온 사람도 사전에 예약이 필수이고 당일에는 절대 안 된다는 것이다. 야무진 대답에 할 말을 잃게 된다. 이곳에서 잘 수 없다면 나는 다시 월정사 밖으로 내려가야 한다. 이곳은 국립공원이어서 이곳에 텐트를 치는 야영이 불가하기 때문이다. 그렇다고 이 밤중에 12킬로미터가 넘는 산길인 두로령을 넘어갈 수도 없는 노릇이다. 고개를 떨어뜨리고 있는 나를 보기가 미안했던지 종무소 직원은 한 마디를 덧붙인다. 자기가 근처에 있는 적멸보궁이나 월정사에 전화를 해서 알아봐주겠다고 한다. 하나마나한 소리다. 같은 산사인데 다를 수가 있겠는가. 전화를 하는가 싶더니 바로 끊는다. 거기도 다 마찬가지라고 한다. 그러면서 합장을 하면서 고개를 숙이고 뭔가를 외운다.

이 어둠 속에서 나는 어떻게 하란 말인가? 인터넷 정보도, 진부파출소 직원의 조언도 다 무용지물이 되는 순간이다. 더 이상 말을 붙일 사람도 없다. 주저없이 국립공원 밖으로 내려가 잠잘 곳을 찾아보는 것이 상책일 뿐이다. 머릿속이 복잡하지만 신속하게 결론을 내린다. 바로 하산하기로. 헤드랜턴을 착용하고 조금 전까지 여유롭게 걷던 마사토 숲길을 내달리듯 내려간다. 달리면서도 머릿속은 불교, 석가모니, 자비, 공양 등의 단어들이 떠나질 않는다. 안 된다는 한 마디로 딱 잘라 거절하던 종무소 직원의 음성이 뇌리에서 떠나질 않는다. '잊어야지 잊어야지' 하면서도 이 단어들이 쉽게 떠나질 않는다. 대답 없는 질문을 마구마구 지껄여 본다. 내 걸음을 방해라도 하려는 듯 나타났다 사라지고, 사라졌다 나타나고를 반복한다. 그래도 걸음을 멈추지 않고 내달린다. 어둠이 이기나 내 발걸음이 이기나 경쟁이라도 하듯이. 어느덧 월정사를 지난다. 도롯가에 불빛이 모인 곳들이 나타난다. '민박'이라는 네온사인도 보인다. 나는 지금 민박집을 찾는 게 아니라 마을 정자를 찾는 중이다. 밤중이라 마을 찾기가 쉽지 않다. 마을을 찾더라도 이 어둠 속에서 어떻게 정자를 찾는단 말인가. 앞만 보고 내달리는 발걸음이 어느덧 캔싱턴 플로라 호텔 근처까지 내려온 것이다. 더 이상 걷기도 힘들다. 설상가상 배가 고파 참을 수가 없다. 이곳에 그냥 텐트를 치기로 한다. 다행스럽게도 낮 시간에 지역 특산품을 판매하던 천막이 그대로 남아있다. 꿩 대신 닭이라고 정자 대신 천막 아래에 텐트를 친다. 도로 바로 옆이라서 자동차 소음이야 있겠지만, 지금은 이것저것 따질 때가 아니다. 아무것도 없는 노상보다는 백배 천

배 나은 게 아닌가. 비가 와도 막아줄 수 있는 천막도 있고….

온몸은 땀으로 범벅이다. 더 이상 서 있을 힘도 없다. 배가 너무 고프다. 뭔가 먹어야 살겠다. 산다는 게 뭘까? 잘 산다는 게 뭘까? 뭔가 이룬다는 게 뭘까? 이런 좌절, 이런 고통을 꼭 거쳐야만 뭔가를 이룰 수 있단 말인가. 너무 가혹하다는 생각이 든다. 주변에는 쉽게 이뤄지는 것도 많은 것 같은데….

텐트 안에 배낭을 내려놓고 캔싱턴 플로라 호텔로 내려간다. 뭔가 먹을 것을 구입하기 위해서다. 다행스럽게도 호텔 내 편의점은 환하게 불을 켜놓고 손님을 맞고 있다. 편의점에서 빵과 우유 그리고 내일 아침에 먹을 몇 가지를 구입해 다시 텐트가 있는 곳으로 올라온다.

오늘 하루를 생각해 본다. 뭐가 잘되고 뭐가 잘못되었는지를 되짚어본다. 모룻재터널 직전에서 만난 할머니와의 만남은, 그 가르침은 평생 내 삶의 지침으로 작용할 것이다. 반면 상원사의 단호한 거절은 여러 가지를 생각하게 한다. 상원사의 냉정한 결정은 적절했을까? 원칙과 기준을 내세웠던 상원사의 단호한 입장을 나는 그대로 받아들였어야만 했을까? 밤중에 갈 곳 없는 나그네에게도 원칙과 기준은 그대로 적용되었어야만 했을까? 많은 걸 느낀 하루였다. '역지사지'가 떠오르기도 한다. 하지만 이젠 상대를 이해하도록 하자. 상처 난 내 마음속에 따뜻한 평화가 깃들게 하자. 나를 위한 일이다. 국토종단을 통해서 얻고자 했던 것들을 제대로 경험한 하루였다. 무슨 일이든지 위기가 한 번쯤은 있기 마련. 이번 국토종단의 위기는 오늘이 될 것 같다. 사실 국토종단을 출발하기 전부터 이 지점에서의 숙소를 걱정했었다. 당하고 보니 깨닫게 된다. 걱정으로 끝낼 게 아니라 완벽한 해결책을 갖고 출발했어야 했다. 하지만 '닥치면 해결되겠지' 하는 안일한 생각으로 출발했던 것이다. 착각이었다. 현실은 그렇게 호락호락하지가 않다. 많은 생각을 했다. 결론은 '정도만이 살길'이라는 평소의 지론을 다시 한 번 굳히게 된다. 이번 실수를 보약으로 생각하고 남은 일정에 차질이 없어야겠다.

국토종단을 떠날 때의 아내 모습이 떠오른다. 나를 이해해준 아내에게 감사한다. 길을 걸으면서 만나는 사람마다 나에게 묻는 말이 있다. "왜 혼자냐?", "아내가 걱정할 텐데."였다. 물론 아내도 걱정을 하고 맘속으로는 나의 길을 반대한다는 것을 잘 알고 있다. 그러나 갈 수 있도록 그냥 내버려뒀다. 나를 믿고, 남편의 뜻을 존중하기 위해서 그랬을 것이다. 이번 국토종단이 끝나면 나는 아내에게 모든 것을 바칠 것이다. 아내를 위해 종으로 살라 하면 그렇게 할 것이다.

종일 더운 날이었다. 오늘의 마지막 시간에 사투를 벌였던 상원사에서의 짧은 순간은 밤중이었지만 가슴이 뜨거웠던 시간이었다. 인터넷을 뒤져 대화까지의 거리를 확인해주고 사과까지 건네주던 주천파출소 경찰관, 아침에 힘겹게 모릿재를 오르는 나를 집으로 초대하여 커피와 라면을 끓여주고 떠날 때는 사탕까지 한 움큼 쥐어 주시던 모릿재 할머니의 모습이 잔잔하게 떠오른다. 그 미소가 아직도 보이는 듯하다. 값진 하루였다. 피로가 몰려온다. 이젠 내일을 위해 잠을 청해야겠다.

🥾 오늘 걸은 길

방림삼거리 → 대화 → 신리삼거리 → 모릿재터널 → 마평1리 → 청심대 →
진부 → 월정사 → 상원사(51Km, 12시간 50분)

15

열 다 섯 째 걸 음

**평창군 상원사에서
양양군 서면 갈천리까지**

상원사에서 북대사를 거쳐 두로령을 넘고,
홍천군 내면 탐방지원센터와 명개리를 거쳐
구룡령을 넘어 양양군 갈천리에 텐트를 치다

이동경로

상원사→ 북대사→ 두로령→ 홍천군 내면탐방지원센터→ 명개삼거리→ 구룡령→ 양양군 서면 갈천리(갈천리 경로당 앞 공터에서 야영)

오갈 데 없는 이가 사찰에 하룻밤 재워줄 것을 청하는 것이 무모한 짓일까? 물론 사찰에는 나름의 규정이 있을 테지만 사실 난 그걸 몰랐다. 확인되지 않은 인터넷 정보만 믿고서 찾아간 것이다. 일언지하에 거절당하고 새로운 숙소를 찾기 위해 10여 킬로미터가 훨씬 넘는 밤중 산길을 달려 내려와야만 했다. 그것도 무거운 배낭을 등에 짊어진 채로. 그런 불필요한 걸음으로 피로가 많이 쌓였던 것 같다. 새벽 4시에 울리는 핸드폰 알람을 듣고서도 1시간 정도를 더 자버렸다. 그나마 그것도 도로를 달리는 자동차 소음 덕분에 깰 수 있었다. 소음도 이런 때는 한 역할을 하는 것 같다. 부랴부랴 서둘러 텐트를 철거하고 장비를 챙겨 캔싱턴 플로라 호텔로 내려간다. 호텔 편의점에서 아침 식사를 해결하기 위해서다.

편의점에서 컵라면과 빵으로 배를 채우고 호텔 로비로 이동한다. 따뜻한 로비에서 그동안 밀린 메모를 정리하고, 상원사로 들어가는 첫 버스가 올 때까지 그곳에서 기다리기 위해서다. 가급적 안내데스크와 멀리 떨어진 로비 한쪽 구석에 자리를 잡고 최대한 자연스럽게 행동한다. 마치 어제저녁을 호텔에서 묵은 손님인 것처럼.

이곳에서 상원사까지는 버스로 이동할 것이다. 어제 이미 걸었던 길이기 때문이다. 그리고 어제 걷기를 마쳤던 지점에서부터 다시 국토종단 15일째 걸음을 시작할 것이다. 오늘은 상원사에서 출발하여 양양군 서면 갈천리까지 걸을 생각이다. 중간에 오대산 북대사와 두로령을 넘고 홍천군 내면 탐방지원센터를 거쳐 명개리, 구룡령을 경유하게 된다.

캔싱턴 플로라 호텔은 아늑했다. 평소에는 호텔을 이용할 기회가 많지 않아서 호텔에 대해 특별한 호감을 못 느꼈다. 하지만 오늘 아침과 같은 경우는 다르다. 참 편리한 시설이라는 생각을 하게 된다. 어찌 보면 허허벌판이랄 수도 있는 이런 곳에서 빈손으로 길을 걷는 나그네조차 맘 놓고 휴식을 취할 수 있으니 말이다. 만약 이곳에 호텔이 없었다면 오늘 아침 나는 어디에서 아침을 해결하고, 어디에서 어떻게 이 긴 시간을 보낼 수가 있었을까? 장시간 앉아 있느라 호텔 측의 눈치를 약간 보긴 했지만, 호텔이라는 고급 시설의 덕을 톡톡히 봤다. 편의점도 마찬가지다. 이름 그대로 때론 참 편리한 시설이고 고마운 시설이기도 하다. 그래서 세상의 모든 것들은 절대적이지가 않는 모양이다. 장점과 단점이 있는 모양이다. 음과 양의 측면이 모두 있는 모양이다. 사람도 마찬가지일 것이다. 평소 나는 이런 생각을 하곤 한다. '나는 주변 사람들에게 어떻게 비춰질까?'. 나를 좋아하는 사람도 있을 것이다. 싫어하는 사람도 있을 것이다. 나의 능력이나 재능을 인정하는 사람도 있을 것이다. 성격이나 태도를 달가워하지 않는 사람도 있을 것이다. 양면이 다 있을 것이다. 중요한 것은 긍정적인 측면의 비율이다. 다 좋을 수는 없다. 다 잘할 수는 없다. 누군가에게 편안한 사람, 누군가에게 도움이 될 수 있는 사람으로 남았으면 좋겠다.

평온한 강원도 산골에도 시간은 흐른다. 상원사행 버스가 올 시간이다. 미리 버스 정류장으로 나간다. 정류장 뒤쪽에 특이한 고추밭이 있다. 고추나무에 열린 열매가 검다. 검정 고추가 재배되고 있는 것이다. 신기해서 밭일을 하고 계시는 아주머니께 물었다.

"검정 고추도 매운가요?"

"빨간 고추만큼 맵지는 않아요."

"그런데 왜 심으셨어요?"

"조합에서 심으라고 해서 심었는데 잘못한 것 같아요."

"조합에서요? 빨간 고추보다 수확량이 더 많은 모양이죠?"

"모르겠어요. …"

물론 조합은 농가를 위해서 새로운 상품을 권장했을 것이다. 맵지 않은 것 말고는 검정고추가 빨간 고추보다 더 많은 장점이 있을지도 모른다. 아주머니의 말씀이 전부는 아닐 것이다. 다만 내가 염려하는 것은 조합은 언제나 농민 편에 서야 한다는 것이다. 농민을 위해 존재해야 한다는 것이다. 정밀한 실험과 분석 없이 농가를 실험의 도구로 삼아서는 안 된다는 것이다. 그럴 리는 없겠지만 말이다. 아주머니와 대화를 하는 사이에 상원사행 버스가 정류장으로 들어서고 있다.

버스에 오른다. 버스는 거침없이 달린다. 버스 종점에서 하차하여 상원사로 올라가는 갈림길에 선다. 어제 국토종단 걸음을 마쳤던 바로 그 지점이다. 이곳에서 좌측으로 오르면 상원사, 직진은 북대사로 오르는 길이다. 좌측 상원사가 있는 쪽을 한 번 쳐다본다. 어제저녁의 싸늘한 어둠은 온데간데없고 평화롭고 인자한 풍광만 눈에 들어온다. 나뭇가지마다 자비가 걸려있는 듯하다. 밤과 낮이 다르지 않고 24시간 내내 저랬으면 좋겠다.

배낭을 점검하고 북대사를 향하여 직진으로 오른다. 바로 바리게이트가 앞을 막는다. 바리게이트에는 이런 글이 적혀 있다. '업무 차량 외 출입금지'라고. 오대산 국립공원 관리자만 출입하고 일반인들은 출입 불가라는 뜻일까? 예전에는 이곳 출입을 통제했는데 지금은 아닌 것 같다. 바리케이드 외에는 아무도 지키는 이가 없다. 바리케이드를 넘는다. 국토종단 15일째 걸음이 옮겨지는 순간이다.

산속 도로가 정기적으로 관리되지는 않는 것 같다. 걷는 데는 전혀 지장이 없지만 빗물에 패여 돌길로 변해버린 곳이 있다. 그리고 그대로 방치되고 있다. 길뿐만이 아니다. 주변의 수목들에서도 표시가 난다. 사람의 손길을 받지 못하고 마음대로 자란 그런 수목들임을 쉽게 알 수가 있다.

상원사에서 두로령으로 향하는 입구

초입부터 완만한 오르막길이 이어진다. 전방으로 북대사가 3.4킬로미터, 후방으로 상원탐방지원센터가 1.6킬로미터라고 적힌 이정표가 나온다. 벌써 상원사에서부터 1.6킬로미터를 걸어온 셈이다. 이번 국토종단길에서 오늘처럼 산길을 걷는 벌써 세 번째다. 첫 번째는 강진군 성전에서 영암을 향해 가던 중 풀치터널을 피하기 위해 좌측의 구도로를 따라 걸었었고, 두 번째는 문경새재를 넘을 때였다. 그리고 오늘이 세 번째다. 다시 이정표가 나온다. 이정표는 전방으로 북대사가 0.4킬로미터, 두로령이 1.8킬로미터, 후방으로 상원탐방지원센터가 4.6킬로미터, 좌측으로 비로봉이 4.4킬로미터라고 알린다. 오르막길을 오르고 거리 표시가 있는 이정표를 만나게 되니 마치 얼마 전까지 오르내렸던 백두대간을 걷는 기분이다. 잠시 후에 북대사에 도착한다. 북대사는 공사 중이다. 도로 옆에 있는 화장실 문도 잠겨 있다. 공사 현장을 지켜보시던 스님이 화장실 문이 잠긴 사정을 설명하며 합장을 하신다. 저런 합장을 어제저녁에 상원사 종무소에서도 봤었다. 나의 숙박 요청을 거절한 종무소 직원도 그렇게 합장을 했었다. 갑자기 그 순간이 떠오른다.

북대사를 넘고서부터는 완만한 내리막길이 이어진다. 갑자기 차량이 나타난다. 오대산을 관리하는 국립공원관리공단 직원들이 이용하는 순찰차다. 직원들은 대형 배낭을 짊어지고 걷는 나를 쳐다만 볼 뿐 그냥 지나간다. 이 길을 통제하지는 않는 것 같다. 도로 중앙에는 질경이가 자라고 있는 곳도 있다. 그동안 사람 출입이 거의 없었다는 반증이다. 북대사에서 20분 정도를 더 진행하니 두로령에 이른다.

두로령 표석

두로령은 강원도 홍천군 내면 명개리와 평창군 진부면 동산리 사이에 있는 고개다. 높이는 해발 1,310미터. 오대산 안에 위치한 고개이며, 오대산으로 등반하는 등산객들이 많이 찾는 장소이기도 하나 봄철에는 산불 방지를 위해 출입이 통제되고 있다. 두로령에는 대형 표석과 이정표가 세워져 있다. 표석에는 '백두대간 두로령'이라고 적혀 있고, 이정표에는 좌측으로 비로봉이 4.2, 상왕봉 1.9, 우측으로 두로봉이 1.6, 직진으로 내면탐방지원센터가 6.3킬로미터라고 적혀 있다. 두로봉으로 향하는 길도 나 있다. 두로령에 서고 보니 갑자기 백두대간 종주 때 지나간 적이 있는 두로봉이 생각난다. 두로봉에서 탐방로를 잘못 들어 길을 잃고 몇 시간을 헤매며 고생한 적이 있어서다. 이대로 이 자리에 조금 더 머무르고 싶다. 두로봉으로 향하는 능선을 마음속으로라도 그려가며 걸어보고 싶다. 그러나 그럴 수 없음이 안타까울 뿐이다. 오늘 일정도 꽉 차 있어서다. 두로령에서 내면 탐방지원센터를 향해 내려간다. 내려가는 초입에는 출입 통제를 의미하는 쇠줄이 걸려 있다. 그러나 어쩌겠는가! 꼭 가야만 하는걸. 쇠줄을 넘고 내려간다. 내려가는 길 좌우측 산에는 단풍이 빨갛게 물들었다. 여기저기 물든 단풍이 산길을 걷는 나를 따라 이동하는 것만 같다. 단풍을 감상하면서 조금 더 내려가니 이번에는 출입금지를 알리는 경고문이 나온다. 더 이상 내려가지 말라는 바리게이트도 설치되어 있다. 경고문에는 '급경사 낙석위험 밀집 지역'이라면서 좌측 아래로 우회하라고 적혀 있다. 다행이다. 가지 말라는 게 아니고 우회하라는 것이다. 좌측으로 내려가는 등산로에는 목재 데크가 설치되어 있다. 목재 데크가 끝나고서부터는 최근에 설치한 것으로 보이는 긴 목재계단이 이어진다. 이제부터는 그야말로 좁은 등산로를 따라 내려가야 한다. 경사가 급한 내리막길이다. 모처럼 등산하는 기분이 든다. 한참을 내려간 후에 우회로가 끝나고 원래의 도로와 만난다. 합쳐진 도로를 따라서 내려간다. 역시 이 길도 군데군데 많이 패였다. 사람이 거의 다니지 않았는지 도로 중앙에 질경이가 자라고 있다. 도로 좌측에는 계곡수가 철철철 흐르고 있다. 다리가 나타난다. 명개교다. 이정표도 있다. 내면탐방지원센터가 1.7킬로미터 남았다고 알린다. 명개교에서 30분 정도를 더 가니 내면 탐방지원센터에 이른다. 탐방지원센터 직원으로부터 앞으로 갈 길을 자세히 설명 듣고 바로 내려간다.

이곳에서 명개삼거리까지는 약 3킬로미터 정도. 이제부터는 자동차가 다니는 도로를 걷게 된다. 이정표가 있는 곳에서 우측으로 가라던 내면탐방지원센터 직원의 말이 생각난다. 갈림길에 이정표가 서 있다. 좌측은 홍천, 우측은 양양으로 가는 도로다. 우측으로 진행한다.

청도교를 통과하고 명개삼거리에 이른다. 삼거리에서는 홍천에서 구룡령을 넘어 양양으로 가는 56번 일반국도가 이어지고 있다. 삼거리에서 56번 도로를 따라 우측으로 진행한다. 이곳 명개삼거리는 백두대간을 종주할 때 이미 들렀던 곳이다. 구룡령에서 조침령 구간을 종주할 때였다. 그때는 홍천에서 이곳까지 버스로 와서 이곳에서 명개리 이장의 승용차를 타고 구룡령 정상까지 올라갔었다. 명개리에 대하여 좀 더 설명이 필요할 것 같다. 명개리는 강원도 홍천군 내면에 있는 마을이다. 도보여행자나 우리나라 산줄기 종주 산행을 하는 사람들에게는 지표가 되는 마을이기도 하다. 해발 600m 이상의 고지대에 있으며, 우리나라 읍, 면 중에서 면적이 가장 넓다고 한다. 주민 대부분이 농업에 종사하며 고랭지채소와 감자 등을 재배한다. 또 명개리는 희귀 어종인 열목어의 서식지로도 유명하다.

이제부터는 56번 일반국도를 따라 걷게 된다. 명개삼거리에서 구룡령 정상을 향해 올라가는 길이다. 완만한 오르막길이다. 양양까지 44킬로미터라고 알리는 도로교통표지판이 나타나기도 한다. 구불구불 힘든 고갯길이다. 덥기도 하다. 구룡령 정상 직전에 도로가 심하게 함몰된 곳이 나타나기도 한다. 구룡령 정상에 이르기 직전에는 도로 좌측에 있는 구룡령 샘물을 확인한다. 샘물 좌측에는 산으로 오를 수 있는 계단이 있다. 이것이 바로 백두대간 종주자들이 이용하는 그들만의 길인 것이다. 나도 이 계단을 넘었었다. 구룡령에서 조침령으로 향하는 구간의 초입인 것이다. 도로 좌측의 구룡령 샘물과 계단을 확인하고 구룡령 정상으로 향한다.

구룡령 표석

잠시 후 4시가 가까워질 무렵에 구룡령 정상에 도착한다. 놀랍게도 정상에서 반가운 얼굴을 만나게 된다. 2017년 5월 21일, 백두대간 35 구간을 종주할 때였다. 진고개에서 구룡령을 향해 가던 중 두로봉에서 길을 잃고 헤매다가 거의 탈진 상태로 구룡령에 도착한 적이 있다. 그때 이곳에서 약초 장사하는 아주머니의 도움으로 기력을 회복한 적이 있는데, 그때 그 아주머니가 아직도 이곳에서 장사를 하고 계시는 것이다. 서로가 쉽게 알아보고 반가워해준다. 이곳에서 그때 먹었던 도토리묵을 다시 주문해서 먹고 잠시 회상에 잠겨 본다. 구룡령 정상 주변도 살펴본다. 그때와 조금도 변함이 없다. 구룡령 표석도, 생태통로도 그렇고 산림전시홍보관도 그대로다. 변할 리가 없을 것이다. 불과 4개월 전이니 말이다. 구룡령은 강원도 홍천군 내면 명개리와 양양군 서면 갈천리의 경계에 위치한 고개이다. 고개가 가파르고 험하여 마치 용이 구불구불 기어오르는 모습과 같다고 하여 붙여진 이름으로 56번국도상에 있다. 구룡령에서 발원한 서림천이 양양 쪽으로 흘러 남대천으로 합류하기도 한다. 또 도보 여행자나 자전거 여행자, 그리고 우리나라 산줄기 종주 산행을 하는 사람들에게는 중요한 지표가 되는 잿등이기도 하다.

이젠 이곳에서 갈천리로 내려가면 오늘 일정은 끝이 난다. 갈천리까지는 계속해서 내리막길이다. 출발한다. 동물이동로를 통과하니 홍천군에서 세운 구룡령 표석이 나타나고 조금 더 내려가니 양양군에서 세운 표석이 또 나타난다. 표석 옆에는 '미천골자연휴양림 17킬로미터'라고 적힌 알림판도 세워져 있다. 표석 앞에서 내려다보는 양양군의 전경은 구름 속에 묻혀 있다. 산봉우리와 그 주변을 감싸고 있는 구름만 보인다. 저 구름 속 산봉우리 아래에는 또 다른 세계가 있을 것이다. 양양이라는, '산 좋고 물 맑은 고장', '해오름의 고장'이라는 신천지가 있을 것이다. 이제부터는 양양군 서면 갈천리 땅을 걷게 된다.

계속되는 내리막길, 딱딱한 시멘트 포장도로가 연속된다. 넓은 도로에 차량은 아주 뜸하다. 가끔 자전거로 도로 여행하는 사람들을 만나게 된다. 이곳 구룡령 길이 자전거 여행자들에게는 인기 있는 코스란 것을 이미 들어서 알고 있다. 가도 가도 계속되는 꼬부랑 길. 이미 많은 이들이 나처럼 이 길을 걸었을 것이다. 그러나 걷는 이마다 목적은 다 달랐을 것이다. 그들은 무슨 목적으로 무슨 생각을 하며 걸었을까? 나처럼 목적지인 갈천리 마을의 주변 상황을 상상하며 걸었을까? 아니면 가도 가도 끝이 없는 아스팔트 길을 원망하며 걸었을까? 모두가 같은 길 위를 걸었지만, 생각은 전부 달랐을 것이다. 그들에겐 이미 추억이 되었을 이 길을 나는 이제야 걷고 있다. 상상은 세계를 넘나든다. 황홀하기도, 가슴 벅차기도, 미지의 마을에 대한 순박한 호기심도 발동한다. 끝없는 상상은 순식간에 갈천리를 안겨주기도 한다. 왜 이리도 기분이 좋은지. 맑은 햇살만큼이나 몸과 마음이 상쾌하다.

갈천리가 가까워올수록 주위는 숲으로 둘러쳐지고, 좌측 옹벽 위에 힘없이 게양된 태극기가 보이는가 싶더니 코너를 돌아서니 갈천리가 제 모습을 드러낸다. 오늘 걸음의 종점인 갈천리에 도착한 것이다. 별장 같은 주택들이 도로 좌우에 자리 잡고 있다. 도로 좌측에 위치한 갈천리 경로당은 폐가처럼 쓸쓸해 보인다. 사람이 있는지, 없는지 너무 조용하다. 경로당 앞에 있는 표석은 이름자도 없이 무언의 침묵을 삼키고 있다. 그 옛날의 영화를 잃어버린 아픔 때문일까? 경로당 앞에 외롭게 서 있는 버스 종점 표지판조차도 갈천리의 쓸쓸함을 더하는 것만 같다. 하루를 마감하려는 듯 힘없이 늘어진 석양의 햇살은 애처롭기까지 하다. 구룡령 그리고 갈천리! 내게는 신비 그 자체였던 땅이다. 지금 그곳에 내가 서 있다. 왜 그렇게도 어려웠을까? 왜 이제야 이곳을 찾게 됐을까? 왜 이리도 먼 길이었을까?

오늘 아침 캔싱턴 플로라 호텔 옆에 있는 고추밭에서 일하시던 아주머니의 힘없는 말씀이 생각난다. "조합에서 심으라고 해서 심었는데 잘못한 것 같아요."라고 하시던. 불과 몇 시간 전에 이별했던 두로령 정상석도 떠오른다. 그곳의 정상석과 이정표는 불과 4개월 전에 넘었던 두로봉을 생각나게 했다. 두로봉은 나의 산줄기 걷기 역사의 전환점이 될 봉우리였다. 구룡령 정상에서 재회한 약초 장사 아주머니는 마치 오래된 친구를 만난 듯 반가워해 주셨다. 정말 반갑고 행복했다. '사람 사는 세상이란 대체 어떤 곳일까?' 지금의 이런 곳일까? 난 지금 잘 살고 있는 것일까?

해남 땅끝에서부터 지금까지 이어져 온 내 발걸음 하나하나를 반추해 본다. 며칠 후면 닿게 될 강원도 고성 통일전망대에까지 찍힐 내 발자국들까지도 미리 상상해 본다. 그 발자국들은 결국 하나로 이어질 것이다. 그 발자국들은 하나의 이야기로 엮어질 것이다. 그 발자국들은 또 다른 나의 한 부분을 이루게 될 것이다. 해도 많이 기울었다. 오늘 하루에 감사한다. 오늘은 이곳 갈천리 경로당 앞 공터에 텐트를 칠 생각이다. 비록 하룻밤의 길지 않은 시간일 테지만 오늘은 이곳의 주인이 되어보고 싶다. 나그네의 갑작스러운 출현을 경계하지 말고 받아주면 좋겠다. 이렇게 또 가을날의 하루가 지나간다.

🥾 오늘 걸은 길

상원사 → 북대사 → 두로령 → 홍천군 내면탐방지원센터 → 명개삼거리 → 구룡령 → 양양군 서면 갈천리(41Km, 10시간 10분)

9월 26일 화요일, 맑음

16

열 여 섯 째 걸 음

양양군 서면 갈천리에서
속초시 조양동까지

서림리에 내려서니 공수전리가 지척이고,

논화삼거리를 거쳐 양양시내로,

낙산사를 거쳐 석양에 물든 속초에 진입하다

이동경로

양양군 서면 갈천리→ 서림리→ 양양양수홍보관→ 논화삼거리→ 임천교차로→ 양양시내→ 낙산사거리→ 속초(해수피아 찜질방 이용)

어제저녁은 추위를 느낄 정도로 밤 기온이 낮았다. 산속 마을이어서였을까? 웬만해선 도중에 깨지 않고 알람 소리에 맞춰 억지로라도 일어나곤 했는데 어제는 새벽 2시에 잠을 깼다가 다시 잤다. 4시에 맞춘 알람을 무시하고 5시까지 늦잠을 잔 것이다. 지금까지 없던 일이다. 추위 때문이다.

부랴부랴 서두른다. 숲도, 이따금 들려오는 생명체들의 소리들도, 느낌으로 알 수 있는 산속을 넘나드는 바람까지도 모든 게 평화로운 아침이다. 어제 편의점에서 구입한 빵으로 아침 식사를 대신하고 6시 30분에 출발한다.

텅 빈 갈천리 경로당은 오늘따라 유독 애처롭게 보인다. 이걸 두고 혼자서 떠나려니 마음이 편치 않다. 그러나 어쩌겠는가. 나도 내 일이 있고 내일이 있는 나그네이기에 말이다. 배낭을 들쳐 메고 발걸음을 뗀다. 양양을 거쳐 속초를 향하는 걸음의 시작이다.

갈천리의 아침 풍경은 어제 오후와는 전혀 다르다. 석양 무렵의 갈천리와 동이 트려는 아침 녘의 갈천리는 다를 수밖에. 그럼에도 여전한 게 있다. 갈천리 경로당 앞에 게양된 태극기다. 오늘 아침도 고개를 숙인 채 말이 없다. 그 앞에 자리 잡은 무뚝뚝한 표석 또한 말이 없다. 이름 없는 무명용사처럼 어젯밤도 혼자서 쓸쓸하게 갈천리를 지켰던 모양이다. 오늘은 이곳 갈천리에서 양양을 거쳐 속초까지 걸을 생각이다. 약간의 경사가 있는 내리막길. 침묵 속에 빠진 갈천리. 주택들도, 가로수도, 숲속 나뭇가지들조차도 말이 없다. 별장처럼 호화로운 주택들에게서는 번지르르한 겉모습과는 달리 그에 걸맞아야 할 온기를 느낄 수 없다. 싸늘함을 내뱉는다. 사실 갈천리는 외로울지도 모른다. 이유가 있다. 양양군 서면은 관내 6개 읍면 중에서 유일하게 해안선을 끼고 있지 않은 면이다. 그 서면에 갈천리가 속해 있다. 갈천리는 또 원래 강릉군 신서면에 속했다가 1954년 11월 행정 이양과 함께 양양군에 편입되었다고 한다. 그러니 외로울 수밖에…. 그래서 내가 더 갈천리에 끌렸던 걸까? 그런데 그런 갈천리에도 그들만이 내세울 수 있는 뽐낼 거리가 있다. 갈천약수다. 갈천약수는 오색약수, 진부의 방아다리 약수와 함께 인근에서는 물맛 좋기로 소문이 나 있다. 구룡령 계곡의 바위에서 솟아 나온다고 하니 미루어 짐작이 될 거다.

양양군 서면 갈천리 버스 종점

완만한 내리막길이라 걸음은 사뿐하다. 산등성과 산등성 사이에 난 도로, 2차선으로 포장된 56번 일반국도를 따라 걷는다. 폐주유소가 보인다. 폐가도 나타난다. 이런 것들을 볼 때마다 짠한 생각이 드는 것은 어쩔 수 없다. 그동안 얼마나 외롭고 괴로웠을까? 이것들은 모진 세월을 견디다 못해 이 지경에 이르렀을 것이다. 세월이 저들을 이토록 아프게 했을 것이다. 도로에는 차량이 뜸해서 굳이 갓길을 고집할 필요도 없다. 내키는 대로 걷는다. 도로 좌측을 따라 걷다가 우측에 재미난 게 있으면 그리로 달려간다. 때론 도로 중앙을 점령하기도 한다. 이런 자를 무법자라고 하던가? 자유인이 나을 것 같다. 난 자유인! 앞쪽에서 버스가 오고 있다. 아마도 양양에서 갈천리를 향해 달려오는 첫 버스일 것이다.

도로 좌측에 의미를 알 수 없는 '무당'이라고 적힌 깃발이 펄럭인다.

황이리를 지날 때는 '연내골 주막'이란 상호도 나타난다. 이름이 참 정 겹다. 좀 더 진행하니 우측에 '미천골 자연휴양림'이 있다고 알리는 표 지판이 나타난다. 어제 구룡령 정상에서 봤던 알림판에 적혀있던 그 자연휴양림이 이곳에 있다는 것이다. 도로 좌우측은 계속해서 주택 들이 들어서 있다. 어떤 곳은 계곡에도 주택이 있다. 펜션일지도 모르 겠다. 그런 계곡에는 지금보다도 더 많은 물이 흐르면 좋을 것 같다는 생각을 해본다. 계곡이 거의 바닥을 드러낼 지경이다. 여전히 56번 일 반국도를 따라 계속 진행한다. 민박 간판도 자주 보이고 인진쑥 판매 소도 보인다. 매점도 보이지만 문은 굳게 잠겨 있다. 매점 문이 닫혀 있듯이 그 앞 공터에 놓여있는 주인 잃은 와상틀도 쓸쓸하게 보이기 는 마찬가지다. 마치 누구라도 좋으니 어서 이리로 와서 앉으라며 손 짓을 하는 것만 같다. 도로변에 있는 주택 앞에 태극기가 게양되어 있 다. 오늘이 무슨 날일까? 국경일은 아닌데?

잠시 후에 서림리에 이른다. 도로변에 2층으로 된 복지회관이 있고 이곳에도 태극기가 게양되어 있다. 검정 대리석으로 된 표석도 보인 다. 달려가 확인해본다. 그동안의 궁금중이 확 풀리는 순간이다. 표 석에는 '태극기 도로 조성 기념'이라는 타이틀로 그 내력이 적혀 있다. '1950. 10. 1 국군이 38선을 돌파한 이곳 양양에 나라사랑과 태극기의 소중함을 알리기 위해 서림리에 '태극기 도로'를 조성합니다. 2012. 3. 1 양양군수/8군단장/양양양수발전소장.'이라고 써 있다. 또 특이한 알 림판도 보인다. 서림리를 농촌건강 장수마을로 추진한다는 알림판이 다. 52가구 155명이 거주하고 있는 서림리를 '양양 해담마을'로 명명하 면서 장수마을 추진방향을 그럴듯하게 설정해 놓았다. 해담마을이란 산과 산 사이에 해를 닮은 아름다운 마을이라는 의미를 갖고 있다고 한다.

잠시 후에 서림삼거리를 지난다. 도롯가에는 '해담'이라는 상호가 자주 나타난다. '해담 카페' '해담 막국수'도 보인다. 여전히 도로변 주택들에는 집집마다 태극기가 게양되어 있다. 호두나무가 보이는 것도 이 지역의 특색이라면 특색이다. 도로 좌측에는 '상평초교 현서분교'가 자리잡고 있다. 학교 자랑이 대단하다. 양수발전소 문예 한마당에서 이 학교 학생이 대상을 받았다고 알리는 현수막이 펄럭이고 있다. 대상이라면 그럴 만도 하겠지.

9월의 가을날도 끝을 향하고 있다. 가을 하늘답게 맑은 날 그 자체다. 잠시 후에는 최근에 개통된 서울양양고속도로 아래를 통과하게 된다. 고가도로 기둥에 부착된 홍보 문안이 눈길을 끈다. "하늘이 내린 환경을 그대路 서울양양고속도로"라고 적혀 있다. 고가도로 아래를 지나 채 5분도 못 가서 도로 우측에 영덕리 마을 표석이 나타난다. 걷고 있는 도로는 여전히 56번 일반국도. 마을 표석을 지나 영덕3교를 지나니 이번에는 도로 좌측에 '38선 숨길 노선도'와 38선 표석이 세워져 있다. 다들 알고 있을 것이다. 38선은 1945년 8월 15일 해방 이후 미소 양국이 북위 38도선을 경계로 한반도를 남과 북으로 나눠 점령한 군사분계선이라는 것을. 양양지역은 물론이고 한국 현대사에서 민족적 비극과 고통을 안겨준 한 많은 경계선이란 것을 말이다.

서울양양고속도로 아래를 통과한다

양양군 서면 영덕리에 세워진 38선 표석

다시 10분 정도를 더 진행하니 이번에는 우측에 시퍼런 물이 가득 차있는 영덕호가 나타난다. 바라보는 이의 발걸음을 저절로 멈추게 할 정도로 장관이다. 또 호숫가에는 '오래 오래 길'을 조성해 놓았는데, 그 취지를 참 재밌게 설명해 놓았다. "오래(悟來) 오래(昨來) 길. 해오름의 고장인 양양군 서면 영덕리의 '오래 오래 길'은 오는 이들을 맞이하면 밝음, 즉 많은 이들의 발걸음을 멈추고 이곳으로 오라는 뜻이다. 밝고 붉은 태양과 맑고 깨끗한 영덕호를 길 속에 형상화하였으며 푸른 자연과 군민의 화합과 밝은 미래에 대한 희망을 표현하였다."라고. 영덕호 주위로 이어지는 오래 오래 길 위에는 오래 오래 길의 의미를 형상화한 조형물이 설치되어 있다. 반원으로 된 아치형 시설물 10개 정도가 얼마간의 간격을 두고 연속적으로 이어지고 있다. 이 시설물을 따라 오래 오래 길을 걸어보는 재미도 쏠쏠할 것 같다. 이번에는 영덕리 마을회관이 나온다. 이곳에도 큰 정자가 세워져 있다. 마을회관을 지나 10여 분을 더 진행하니 또 서울양양고속도로 아래를 지나게 된다. 우측에는 서면4터널이 지나고 있고, 좌측에는 서울양양고속도로 국도, 그리고 그 우측에도 다른 도로가 지나고 있다. 그리고 보면 우리나라는 도로망이 참으로 잘 갖춰진 나라란 걸 알 수 있다. 그야말로 거미줄처럼 연결된 게 바로 우리나라 도로망이다. 자랑스럽다.

양양양수홍보관

　서울양양고속도로 아래를 통과하고 채 10분도 못 가서 도로 좌측에 '양양양수홍보관'이 나타난다. 양양양수홍보관은 국내 최대 규모를 자랑하는 양양양수발전소를 홍보하기 위한 전시관이다. 아주 오래전에 이 홍보관을 방문한 적이 있지만, 지금은 그 기억이 가물가물하다. 직접 들어가서 살펴본다. 양양양수홍보관에 대한 자세한 설명이 있다. 설명문을 보니 조금씩 기억이 되살아난다. 양수발전소는 일반 수력발전소와 그 원리는 동일하지만, 차이가 있다. 전기 생산에 이용된 물을 심야전력을 이용하여 다시 상부로 끌어올려 재사용한다는 점이 가장 큰 차이다. 차이만 있는 게 아니라 큰 장점도 있다. 양수발전소는 자연에너지인 물을 전기 생산에 이용하기 때문에 친환경적이다. 또 작동 후 전기 생산까지 소요되는 시간이 짧아 물을 낙하시키고 몇 분 내로 바로 전기 생산이 가능한 것이다.

공수전리 마을 표석

홍보관을 나와 주변을 살펴보니 여러 가지 알림판들이 줄지어 기다리고 있다. 그중에서도 '태극기 마을'과 '태극기 도로' 알림판이 가장 먼저 눈에 띈다. 알림판에 의하면, 태극기 마을은 1950년 10월 1일 국군이 처음으로 38선을 돌파한 이곳 양양의 공수전과 영덕에 태극기 마을을 조성하면서부터 시작되었다. 영덕리와 공수전리에 태극기 마을을 조성한 이유가 있다. 두 마을의 역사적인 변천 내력을 알면 이해가 쉬울 것이다. 영덕리는 북위 38도선이 마을 중간을 가로지르고 있어 광복 후 남북분단으로 인해 같은 마을 내에서조차 자유로이 왕래할 수 없었던 지역이었다. 다행히도 한국전쟁 후 대한민국의 영토로 수복되었지만, 남북분단과 한국전쟁이라는 역사적 아픔을 고스란히 겪은 마을이다. 공수전리도 마찬가지다. 광복 이후 남북분단과 함께 38도선 이북에 위치하여 북한영토가 되었다가 한국 전쟁 이후 대한민국의 영토로 수복된 것이다. 특히 광복 후 북한 체제를 탈출하기 위한 주민들의 필사적인 노력이 계속되었던 지역으로 자유민주주의 염원이 절절히 서려있는 마을이다.

태극기 도로는 2010년 태극기마을 조성을 시작으로 56번국도(논화리~갈천리)에 조성되었다. 태극기 마을과 태극기 도로를 조성한 목적은 이미 짐작했겠지만, 태극기의 중요성과 소중함이 널리 알려지고 나라 사랑하는 마음의 산교육장이 되기를 바라는 취지에서 시작되었다. 나라 잃은 서러움이 얼마나 큰지를 가늠할 수 있겠다.

이어서 공수전리(용소골)를 통과하니 좌측에 상평초등학교 공수전 분교가 나온다. 학교는 단층으로 아담하고 운동장은 파릇파릇한 잔디로 덮여 생동감이 넘친다. 그런데 정문에는 쇠줄을 쳐서 차량 출입을 금지시키고 있다. 잔디 보호가 목적이겠지만 초등학교 정문을 쇠줄로 막는다는 것은 조금 그렇다. 학교를 뒤로하고 나서자 바로 송천교를 지나게 된다. 이어서 도로 좌측에 송천 떡마을 마을 표석이 나타난다. 모퉁이에는 송천떡 판매점이 있고 한복을 곱게 차려입은 두 분의 여성이 떡을 판매하고 있다. 송천 떡마을은 떡 판매점을 지나 좌측 방향에 있다.

논화삼거리

송천 떡 판매점을 출발하자 바로 도로 좌측에 라브리 공동체가 나오고, 이곳에서 25분 정도를 더 가자 논화삼거리에 이른다. 삼거리에서 좌측은 인제로, 우측은 양양으로 가는 길이다. 우측으로 진행한다. 양양 IC를 향해 가는 것이다. 논화삼거리에서 10분 정도를 진행하니 상평교차로에 이른다. 이곳 교차로에서 우측은 범부리와 상평리로, 직진은 속초와 양양으로 가는 길이다. 직진으로 진행한다. 10분 정도를 진행하니 시멘트 옹벽 위에 양양읍을 알리는 표지판이 서 있다. 고층 건물이 보이기 시작하더니 잠시 후에는 양양읍 땅을 밟게 된다.

양양은 '산 좋고 물 맑은 고장', '해오름의 고장'으로 통한다. 해오름의 고장이라고 양양을 소개할 때 제일 먼저 떠오르는 것은 낙산사다. 낙산사는 굳이 설명이 필요 없을 것이다. 낙산사는 낙산에 있는 대한불교조계종 제3교구 본사인 신흥사의 말사인데, 우리나라 3대 관음기도 도량의 하나로도 유명하다. 특히 해변에 위치하여 관동팔경의 하나로도 꼽히고 있다. 그런데 이런 낙산사에도 화마라는 아픈 상처가 있다. 낙산사는 창건 이후 여러 차례 소실과 복구를 거쳤는데, 2005년 4월 5일 양양 지역에서 발생한 큰 산불로 주요 전각과 낙산사 동종이 소실되고, 낙산사 7층석탑 일부가 손상되기도 했다. 양양은 또 송이와 연어의 고장이라 할 만큼 송이와 연어가 유명하다.

양양시내

임천교차로에서 양양으로 빠져 시내 중심가로 들어서니 양양읍은 통일축제로 시끌벅적하다. 발길이 닿는 곳마다 스피커 울림이 요란하고 떼 지어 몰려다니는 젊은이들의 모습을 쉽게 볼 수가 있다. 조금 있으면 또 연어축제가 시작된다고 옆에 있는 학생들이 알려준다. 점심 식사를 하는 식당에서도 화제는 온통 통일축제 이야기다. 양양읍에서 좀 더 머물고 싶지만, 오늘 중으로 속초까지 가야 하기에 바로 양양읍을 빠져나간다.

양양시내를 빠져나가자마자 도로 우측은 곧바로 논밭이 전개된다. 조산사거리를 지나니 도로 우측은 소나무 숲이 장관이다. 이어지는 낙산사거리. 낙산사거리에 이르니 제일 먼저 눈에 띄는 것은 큼지막한 교통표지판이다. 교통표지판은 좌측은 적은리, 우측은 낙산사, 직진은 고성과 속초를 가리킨다. 사거리 우측에 관광안내소가 있다. 관광안내소에 들어가 본다. 오늘 일정은 이미 마음속에 결정되어있고 가는 길도 훤히 알고 있지만, 혹시나 특별한 정보라도 있을까 해서다. 두 분의 여성이 안내데스크에 앉아 있다. 내가 묻는 말에 두 분의 안내자가 번갈아가며 답한다. 한 분이 대답을 할 때는 반드시 다른 분의 얼굴을 쳐다보면서 이어간다. 마치 상대의 동의를 구하려는 것만 같다. 상대방도 마찬가지다. 그러면서도 바로 근처에 있는 낙산사에 대한 홍보는 잊지 않는다. 답변 하나하나가 참으로 순박하다. 말씨도 그렇고 표정도 그렇다. 아마도 관광안내 업무의 초심자인 것 같다. 감사인사를 드리고 관광안내소 문을 나선다.

낙산사거리

낙산사거리에서 잠시 주변을 둘러보다가 망설인 끝에 낙산사에 올라가 살펴보기로 한다. 오늘 속초까지 갈 길을 생각하면 일분일초가 아쉽지만 조금 전 안내소 직원들의 정성이 담긴 표정과 설명이 떠올라 서둘러 낙산사를 관람하기로 결정한 것이다. 낙산사 입구에 밀집한 건어물 상가를 지나 초스피드로 낙산사를 향해 오른다. 관람을 마치고 내려오는 사람들이 올라가는 사람들보다 압도적으로 많다. 시간 상으로 그럴 시점이다. 오르면서 홍예문, 사천왕문, 칠층석탑, 원통보전, 지장전, 보타전, 해수관음상 등을 주마간산 식으로 살피고 뛰듯이 내려온다. 고비 때마다 역사의 풍파에 시달렸던 가슴 아픈 사연을 간직하고 있는 낙산사다. 낙산사에서 바라보는 동해는 두고두고 기억될 것 같다.

낙산사에서 내려와 다시 속초를 향해 발걸음을 재촉한다. 7번 국도를 달리는 자동차들의 속도가 갈수록 빨라지는 것 같다. 해가 지기 전에 자기 집을 찾아가려는 안간힘일 것이다. 이런 자동차들의 속도감을 감상하면서 도로 우측의 인도를 따라 걷는다. 잠시 후에는 목재 데크로 된 인도가 이어지고 낙산 전진1리를 지나니 동해안 자전거길이 등장한다. 이제부터는 자전거길을 따라 진행한다. 우측은 동해다. 오후의 가을 햇빛에 반짝거리는 동해를 슬금슬금 곁눈질하면서 걷는다. 맨 먼저 설악해변이 나타난다. 9월 말인데 아직도 해변에는 텐트족들이 가을 바다를 즐기고 있다. 뜸하긴 해도 자전거 여행자들을 만나기도 한다. 하나같이 날씬한 몸매에 건강한 모습이다. 서로 반갑게 눈인사를 주고받으며 지나간다.

양양에서 속초로 이어지는 동해안 자전거길

국토종주를 위한 동해안 자전거 도로를 알리는 표지판이 자주 등
장한다. 이번에는 정암 해변이다. 이곳에도 텐트족들이 진을 치고 있
는 것은 마찬가지다. 연중 바다가 살아있음을 알리는 것만 같다. 조금
더 진행하니 도로 좌측에 정암2리가 나오고 강현면사무소가 자리 잡
고 있다. 계속 동해를 바라보면서 걷는다. 오늘은 동해와 함께하는 것
이다. 일 년에 한 번 정도 올까 말까 하던 동해. 오늘만큼은 맘대로 실
컷 즐길 수가 있다. 이보다 더 좋을 수가 없다. 물치해변을 지나고 물
치항도 지난다. 좌측에 물치리가 나온다. 쌍천교를 통과하니 드디어
속초시에 진입한다. 바로 설악해맞이공원이 나온다. 공원의 군데군데
에 위치한 조각 작품들이 마치 살아 움직이듯 한다.

계속해서 7번 국도를 따라 걷는다. 해변의 주인공은 여전히 청춘남
녀들이다. 젊음이 부럽다. 대포항을 지나 농공단지 사거리에 이르러
또 갈등이 인다. 동해 때문이다. 바다와 이별 때문이다. 사거리 우측

은 바다로 가는 길, 좌측은 속초시내로 들어가는 길이다. '이참에 바다로 빠져?' '이번에 놓치면 오늘은 영 속초 바다와는 이별일 텐데…' 이런 아쉬움이 나를 갈등하게 한다. 태양은 태양대로 무언의 암시를 한다. 곧 어둠이 깔릴 거라는 협박성 암시를. 어둠을 핑계로 바다와 이별을 택하고 속초시내로 들어간다.

길 떠나면 하루해가 짧다더니 벌써 오늘을 마감할 시간이다. 속초는 해 질 녘조차도 아름다운 것 같다. 속초 해변은 해가 진 후에도 뭔가가 있을 것만 같다. 알 수 없는 어떤 낭만이 있을 것만 같다. 하지만, 나에겐 더 큰 내일이 있다. 오늘은 이곳에서 멈춰야 할 것 같다. 이젠 오늘 저녁을 보낼 찜질방을 찾아가야 한다.

찜질방은 고속버스 터미널 근처에 있는 해수피아 찜질방이다. 이 길로 쭈욱 가면 나온다고 했다. 출발 전에 이미 찜해 두었다. 찜질방에 들기 전에 저녁식사가 먼저다. 그토록 그립던 속초에 왔으니 오늘 저녁 식사는 속초다운 메뉴를 찾아봐야겠다.

오늘 아침 갈천리를 떠나면서 마주친 태극기가 생각난다. 갈천리 경로당 앞에 말없이 고개 숙인 채 게양되어 있었다. 낙산사에서 본 해수관음상도 떠오른다. 숙연하게 동해를 응시하고 있었다. 오래오래 기억 속에 남을 것 같다. 젊음이 넘치던 해변 텐트족들의 모습도 두고두고 9월의 아름다움으로 남을 것 같다. 이렇게 또 낭만의 항구 도시 속초에서 하루해가 저문다.

갈천리 → 서림리 → 양양양수홍보관 → 논화삼거리 → 임천교차로 → 양양 시내 → 낙산사거리 → 속초시내(42Km, 10시간 30분)

9월 30일 토요일, 맑음

17

열 일 곱 째 걸 음

속초시 조양동에서
고성군 간성읍까지

설악대교는 영랑호수공원으로 이어지고,
사진마을을 지나니 고성군 땅이 벌써다.
바다와 함께 걷는 해파랑길, 간성읍이 코앞

이동경로

속초→ 설악대교→ 동명사거리→ 고성군 용촌삼거리→ 봉포삼거리
→ 간성교차로→ 간성읍(읍사무소 정자에서 야영)

(갑자기 잡힌 취업면접 일정 때문에 27일 급거 귀경, 28일 면접을 마치고, 29일 속
초로 내려가 다시 이어서 출발하는 국토종단 길)

속초 해수피아 찜질방, 어제저녁을 묵은 24시찜질방이다. 무슨 사
람이 그렇게 많은지! 그럴 만했다. 고속버스터미널 근처에 있어 교통
이 좋을 뿐만 아니라 찜질방에서 내려다보는 청초호의 야경은 어디에
서도 볼 수 없는 환상적인 볼거리였으니. 11,000원, 이곳 찜질방 이용
료다. 다른 지역보다 훨씬 비쌌다. 이유를 생각해봤다. 관광지란 것밖
에 떠오르지 않는다. 그럴 것이다. 특별히 비쌀 이유가 없다. 관광지라
서 많은 사람들이 이 지역에 몰릴 것이고, 자칫 호텔이나 여관 등 다
른 숙소들 예약이 어려울 수도 있을 것이다. 숙소를 확보하지 못한 사
람들이 찜질방으로 몰릴 수도 있다는 것은 상식. 시장경제 원리가 여

기에도 적용된 것이다. 아무튼 속초는 역동적이었다. 살아있는 도시란 걸 느낄 수 있었다.

찜질방에서 느긋하게 나와 고속버스터미널 근처에 있는 편의점에서 컵라면과 빵으로 아침을 해결. 터미널 바로 옆에 있는 관광안내소에 들러 오늘 걷게 될 길 안내를 받고 동해안 곳곳이 자세하게 새겨진 관광지도까지 얻는다. 역시 친절하고 자상한 안내. 고객의 취향까지 고려해서 길 안내를 해주는 세심한 배려가 남다르다. 속초에서 북쪽으로 올라갈 때는 자동차도로와 해안을 따르는 길이 있다는 것과 고객의 여건과 취향에 따라서 두 길 중에서 하나를 선택하라는 조언까지 해준다. 만약 내가 저 자리에 있다면 저렇게까지 친절하게 안내할 수 있을까 하는 존경심마저 든다. 관광안내원의 설명을 듣고서도 사실 쉽게 결정할 수가 없다. 자동차 도로를 따를 것인지 해안도로를 따를 것인지를. '알았다'는 대답과 함께 감사 인사를 드리고 안내소를 나선다(09:15).

그런데 인복은 '타고난다'고들 말한다. 정말 그럴까? 지금까지 살아오면서 스스로 인복이 참 없다는 생각을 자주 했기에 하는 말이다. 하는 일마다 잘 풀리지 않을 때가 그런 때였다. 그런데 오늘은 생각이 달라진다. 의외로 친절한 관광안내소 직원의 도움을 받고 보니 그렇다. 오늘 아침만이 아니다. 임실 갈담리에서도, 영월 주천에서도, 평창 모릿재터널 앞에서도, 영동에서도, 무주에서도… 그랬다. 국토종단을 출발한 이후 걷는 내내 크고 작은 도움을 받았었다. 그러고 보면 인복은 타고나는 게 아니라 내가 하기 나름이 아닐까?

오늘은 이곳 속초에서 간성을 거쳐 거진, 대진을 향해 올라갈 것이다. 가다가 간성에서 멈출지 거진에서 멈추게 될지는 아직 미정이다.

수시로 내 눈과 발걸음을 멈추게 할 해파랑길이 있고 늘 푸른 동해가 있어서다. 그것들에 정 붙이다 보면 한 시간이고 두 시간이고 지체될 수도 있어서다. 오늘만큼은 마음이 시키는 대로, 발걸음이 시키는 대로 할 것이다. 진척되는 발걸음을 보고 결정할 것이다. 사실 속초는 우리 국민이라면 누구나 좋아할 그런 곳이다. 동해가 있고 금빛 해변이 있고 항구가 있고 싱싱한 회가 있고 설악산이 있어서 그럴 것이다.

속초시는 북쪽으로 고성군 토성면, 서쪽으로 인제군 북면, 남쪽으로 양양군 강현면 등과 접하고, 동쪽으로 동해에 면한 항구 도시다. 시가지 북쪽과 중부 해안에는 석호인 영랑호와 청초호가 있고, 청초호 바깥쪽에는 방파제 시설이 되어 있다. 속초는 원래 어민들이 청초호 안에 정착하여 어촌을 이루었는데, 한국전쟁으로 북한 피난민이 대거 남하하여 정착하면서 인구가 급격히 증가했다고 한다. 설악산국립공원과 가까워 관광도시로도 성장하였다. 관광에는 맛이 빠질 수가 없다. 속초에는 속초 5미라고 명명한 특산물이 있다. 속초의 다섯 가지 별미인데 명태, 오징어순대, 물곰탕, 붉은 대게(일명 홍게), 생선구이가 그것들이다.

갯바람을 격려 삼아 국토종단 17일째 발걸음을 산뜻하게 출발한다. 욕심은 해안도로를 따르고 싶지만 시간이 무한정 허락되는 게 아니기 때문에 장담은 할 수 없다. 일단 그때그때 상황에 따라 국도든 해안도로든 결정하리라 마음 먹는다. 관광안내소에서 가르쳐준 대로 청초호와 이마트 사이로 난 도로를 따른다. 10여 분 정도 걸었을까 했는데 바로 설악대교에 이른다. 대교 난간에는 설악축제를 알리는 현수막들이 꽉 차 있다. 바로 금강대교가 이어진다. 대교 위에까지 갯내가 날아와 머물고 있다. 전혀 싫지가 않다. 이어서 동명항 활어센터에 이르고 선착장에는 낚시꾼들이 진을 치고 있다. 나이 지긋한 어른에서부터 일요일이어선지 초등학생으로 보이는 어린이들도 있다. 여성도 있음은 물론이다.

속초시내에서 설악대교를 통과

속초 시외버스터미널을 통과하니 동명동사거리에 이른다. 교통 표지판이 길을 명확하게 안내하고 있다. 이곳에서 좌측은 미시령으로, 직진은 영랑호로 가는 길이고 고성, 간성은 우측 방향이다. 교통 표지판이 알려주는 대로 우측으로 진행한다. 영랑호는 직진이라고 했는데, 우측으로 가도 영랑호가 나온다. 다행이다. 하마터면 놓칠 뻔한 영랑호를 볼 수 있어서다. 호수는 유리판을 엎어놓은 듯 잔물결 하나도 일지 않고 그대로 멈춰 있다. 영랑호에 대하여 궁금해 하는 사람이 있을 것이다. 호수 이름에 대하여 말이다. 나처럼 영랑 김윤식 시인을 떠올리는 사람들이 특히 그럴 것이다. 영랑호는 속초시 서북쪽 장사동, 영랑동, 동명동, 금호동에 둘러싸인 자연호수다. 영랑호라고 명명된 것은 신라의 화랑인 '영랑'이 이 호수를 발견했다는 삼국유사의 기록에 근거하고 있다. 김윤식 시인의 호 영랑이 아니라 신라 때 화랑의 이름을 딴 것이다.

영랑호수공원을 통과하니 이번에는 장사동 사진마을이 나온다. 마을 표석이 우측 도로변에 다소곳이 서 있다. 그런데 왜 이 마을을 사진마을이라고 했을까? 사진마을은 본래 육지가 아닌 바다였다고 한다. 그러던 것이 오랜 세월에 걸쳐 모래가 쌓여서 마을이 형성되었다고 한다. 모래사장에 형성된 마을이라 '모래기'라고 불렸고, 이것을 한자로 '사야지(沙也只)'라고 표기한 데서 사진리, 사진마을이 유래하였다고 한다(출처: 대한민국 구석구석, 한국관광공사).

고성군에 진입

사진마을을 통과하고서부터는 약간의 오르막 도로가 이어진다. 그 도로의 오르막 정점에 대형 아치형 조형물이 도로를 가로질러 설치되어 있다. 고성군 땅에 진입한 것이다. 아치형 조형물에는 고성군의 특성을 함축한 것으로 생각되는 몇 가지 글귀가 표어처럼 적혀 있다. '살기 좋은 고장, 살고 싶은 행복고성', '천년의 신비 해양심층수의 고장'이라고. 사실 고성군은 남한에서 가장 북쪽에 위치한 지역으로 지금 내가 밟고 있는 이 땅은 이번 국토종단 길의 대미를 장식하는 곳이다. 시원스러울 수도 있지만, 이별의 아쉬움이 남을 수도 있는 지역이다. 두고두고 아껴아껴 조심조심 걸어야 할 땅인 것이다.

고성군은 강원도 동북부에 위치하고 있으면서 북으로는 세계적인 명산인 금강산을 경계로 통천군과 접하고, 동쪽은 동해, 서쪽은 향로봉을 경계로 하여 인제군에 접하고 있다. 그리고 남으로는 방금 지나온 속초시 장사동을 경계로 하고 있다. 2읍 4면의 행정구역으로 나뉘어져 있는데, 아래에서부터 위로 토성면, 죽왕면, 간성읍, 거진읍, 현내면 그리고 현내면 좌측 내륙에 수동면이 있다. 수동면은 면 전체가 민통선 안에 있기 때문에 상주하는 주민이 없고, 간성읍에서 행정업무를 대행하여 관할하고 있다. 현재 고성군의 북쪽은 휴전선이 위치해 있어서, 북한의 고성군과 대한민국의 고성군으로 나뉘어 있다. 이런 이유 등으로 해서 이곳 고성의 통일전망대를 국토종단의 종점으로 잡고 출발한 사람들에게 고성군은 특별한 의미가 있는 지역이라고 할 수 있다. 이번 국토종단길에는 수동면을 제외한 고성군의 모든 읍면 땅을 차례로 밟게 된다. 벌써부터 설레고 기대가 크다.

동해안 자전거 길이 계속 이어진다

　대형 아치를 통과하고서부터는 바다가 보이기 시작하는 해파랑길을 따라 걷게 된다. 지금 걷고 있는 도로 옆에는 해파랑길 45~46코스 안내판이 설치되어 있다. 45코스는 현 위치인 장사항에서 아래쪽으로 속초등대전망대-속초항-대포항-속초해맞이공원까지이고 총거리는 16.9킬로미터, 소요시간은 5시간 40분이라고 적혀 있다. 46코스는 장사항에서 위쪽으로 청간정-천학정-능파대-삼포해변까지이고 총거리는 15킬로미터, 소요시간은 5시간 10분이라고 적혀 있다. 해파랑길에 대한 설명도 있다. 해파랑길은 '동해의 떠오른 해'와 푸르른 '동해'를 벗 삼아 함께 걷는 길이란 뜻으로 부산 오륙도해맞이공원에서 강원도 고성 통일전망대를 잇는 약 770킬로미터의 광역탐방로를 말한다. '국토종주 동해안 자전거길'을 알리는 알림판도 나온다. 내가 지금 걷고 있는 이 길이 바로 동해안 자전거길이다. 자전거길 알림판을 보고 바로 고개를 돌리니 도로 좌측 소나무들 사이에 용촌리 마을 표석이 세워져 있는 것이 보인다. 도로를 달리는 자동차들은 활력이 넘치고 역동적인데, 반면 버스 정류장은 마치 폐가처럼 먼지만 수북이 쌓여있다. 플라스틱 의자 일부는 파손되기까지 했다. 용촌교를 통과하고서부터 우측으로는 바다가 보이기 시작한다. 바다가 보인다고 마냥 좋아할 수만은 없다. 조금 있으면 또 산들이, 건물들이, 바다를 대신할 테니 말이다.

이번에는 용촌삼거리에 이른다. 삼거리에 있는 교통표지판은 여러 가지를 암시한다. 교통표지판에 통일전망대가 처음으로 등장하기 시작하고, 도로 좌측에는 세계 잼버리수련장과 파인리즈리조트가 있다고 알린다. 교통표지판에 통일전망대가 등장한다는 것은 이번 국토종단의 최종 목적지가 가까워 오고 있다는 암시이다. 지금 걷고 있는 도로는 일반국도 7번이다. 이 길만 쭈욱 따라가면 통일전망대에 이를 수가 있을 것이다. 그런데 자꾸만 우측의 동해가 유혹을 한다. 틈만 나면, 길만 보이면 바다로 달려가고 싶어진다. 이번에는 용촌교차로를 통과한다. 교차로 우측에 캔싱턴 리조트가 보인다. 낯익은 상호다. 이번 종주에서도 구면이다. 평창의 상원사를 찾아갈 때도 캔싱턴 플로라 호텔을 본 적이 있다.

고성군 토성면 봉포삼거리

　잠시 후에는 봉포삼거리에 이른다. 삼거리 우측에는 봉포항이 있고 봉포리가 있고 천진리가 있다. 좌측 도로는 통일전망대로 가는 7번 도로다. 삼거리 중앙에는 봉포리 마을 표석, 수형이 멋진 소나무, 그리고 평창동계올림픽 마스코트들이 있다. 이곳에서 또 갈등을 한다. 우측의 봉포리 마을로 내려가서 항구도 뒤져보고 마을도 돌아다니고 싶다. 하지만 시간상 그렇게 할 수 없음이 안타깝다.

　봉포삼거리에서 좌측의 7번 국도를 따라 진행한다. 시원스럽게 뚫리는 동해대로를 따른다. 계속해서 낯선 마을들이 속속 제 모습들을 드러낸다. 천진교차로를 지난다. 이곳에서도 동해대로를 따른다. 청간정 휴게소가 우측에 있다는 표지판을 확인한다. 아야진리를 지난다. 마을 어귀에 있을 아야진항이 눈에 선하다. 항구를 중심으로 펼쳐질 시설들도 눈에 어른거린다.

　잠시 후에는 교암사거리에 이른다. 이곳에서도 직진인 동해대로를 따른다. 또 동해안 자전거길 안내판이 나온다. 자전거 길을 따라갈 것인지, 국도로 갈 것인지? 이것도 아니면 마을 길을 따라갈 것인지 또 고민하게 된다. 결국은 빠른 길인가, 아니면 바다가 보이는 길인가를 택해야 한다. 마음속으로는 이미 결정이 끝나고 발걸음도 그쪽으로 향하고 있다. 빠르다고 생각되는 길을 따르기로 한다. 별 차이가 아니다. 마음의 문제일 뿐, 시간의 문제일 뿐이다. 모든 길은 통일전망대를 향하고 있기 때문이다. 바다와 마음속으로 한판 승부를 하는 동안 죽왕면에 진입하였다.

죽왕면은 토성면과 간성읍 사이에 위치하고 있는 고성군에서 가장 좁은 면이다. 백도교차로를 통과하고 문암리, 삼포리를 차례로 지나가니 이번에는 오호교차로에 이른다. 이어서 죽왕면 중심지를 지난다. 우측의 면사무소와 좌측의 우체국을 확인한다. 우측에는 국민관광지로 지정된 송지호가 있다. 송지호교차로를 지나면서 우측으로는 시원스런 바다가 탁 튀어나온다. 계속해서 동해대로를 따른다. 속력을 다해 숨 가쁘게 달리는 차량들을 앞세워 보내면서 조금은 느긋하게 걷는다. 저 달리는 차 안에는 나처럼 통일전망대를 향하는 사람도 있을는지? 있다면 저렇게 빠른 속력이 필요할까? 무엇을 보기 위해, 누구를 만나기 위해 저렇게 쏜살같이 내달릴까?

공현진을 지나고 공현진교차로를 통과한다. 우측에 있는 가진리를 확인하고 나니 가진교차로가 이어진다. 간성읍이 가까워짐을 느낀다. 고성가스충전소를 지나고 얼마 가지 않아서 남천교에 이른다. 아파트가 보이기 시작하더니 고성경찰서 표지판도 나온다. 이미 간성읍에 들어선 것이다. 드디어 간성교차로에서 동해대로를 버리고 좌측 도로를 따른다. 간성읍으로 들어가기 위해서다.

잠시 후에 간성읍 시내에 이른다. 도로 우측에 간성시외버스터미널이 보인다. 오늘은 이곳 간성읍에서 국토종단 걸음을 마쳐야 할 것 같다. 간성읍은 국토종단 출발 전부터 꼭 들르리라 마음먹었던 곳이다. 이곳에서 지인이 강력하게 추천한 고성막국수를 맛보기 위해서다. 그런데 이상한 것은 지명이다. 고성군의 소재지인데 왜 고성읍이 아니고 간성읍일까? 숙제로 남겨 둔다. 간성읍은 생각보다 상가가 많다. 고성군의 중심지라서 그렇겠지만 의외다. 식사가 급하다. 슈퍼에 들러 물어보았다. 이곳에 유명한 고성막국수집이 있다는데 어디로 가야 하는지를. 돌아오는 대답이 절망적이다. 이곳이 아니고 이곳에서 한참을 더 가야 한다고. 걸어서 갈 수 있는 거리가 아니라는 것이다. 그러면서 말끝에 "이곳에도 막국수집이 있긴 있는데, 잘하는지는…"라며 말끝을 흐린다. 그곳이 어딘지를 물어 찾아갔다. 수성로를 따라 오르다가 고성군청과 간성읍사무소, 간성우체국이 있는 근방이다. 막국수집 출입구가 그럴듯하다. 한옥식 대문을 밀고 들어서니 약간의 공터가 있는 마당이 나온다. 그런데 손님은 거의 보이지 않고 음식점 종업원들만 마당에 나와서 햇볕을 쬐고 있다. 조금은 당황스럽다. 그렇다고 그대로 나갈 수도 없는 노릇.

울며 겨자 먹기로 먹은 막국수는 지인이 자랑한 그런 강원도 고성막국수의 맛이 아니다. 지인이 자랑한 고성막국수는 얼음이 둥둥 떠 있고 굵직한 무가 먹음직스러운 동치미를 떠서 국수에 부어 먹는다고 했다. 그런데 맛도 그릇에 담긴 그림도 그 맛 그 그림이 아니다. 많이 아쉽다. 맛이 없어서가 아니고 지인의 추천에 대한 적절한 화답을 해줄 수가 없어서 그렇다.

간성읍 막국수 집

식사를 마치고도 약간의 오후 시간이 남는다. 이대로 시간을 놀릴 수는 없다. 어딘가 둘러보기로 한다. 출발 전에 막연히 생각했었던 곳이 있다. 고성군이 자랑하는 간성향교다. 찾아가기로 한다. 간성향교는 이곳에서 가까운 교동리에 있다. 도보로도 가능한 거리에 있지만 택시를 이용하기로 한다. 시간을 절약하기 위해서다. 택시는 그야말로 눈 깜짝할 새에 간성향교에 이른다.

간성향교는 강원도문화재자료 제104호로 지정되어 있는데, 어진 선비의 위패를 봉안하고 지방의 중등교육과 지방민의 교화를 위해서 1420년에 창건되었다. 임진왜란과 한국전쟁 때에 소실되었으나 이후 중건과 재건을 거쳐 현재에 이르고 있다. 조선 시대에는 교관이 교생을 가르쳤으나, 현재는 교육적 기능은 없어지고 봄·가을에 제사를 지내고 초하루와 보름에 분향을 올리는 정도라고 한다. 그럴 수밖에 없을 것이다. 조선 시대에는 국가로부터 전답과 노비·전적 등을 지급받았을 테니 말이다. 향교에 대한 문외한인 내가 보기에도 이곳 간성향교에는 특이한 게 몇 가지가 있다. 강학공간인 명륜당 건물이다. 앞면 4칸에 맞배지붕을 하고 있는 건물로 2층 누각 형태로 지어졌다. 앞쪽에 문을 많이 달아 놓은 것도 다른 건물들과는 다른 점이다. 명륜당은 계단을 통해서 올라가게 되어 있고 앞마당이 꽤 넓어 보인다. 마당 우측에는 '공부자묘정비(孔夫子廟庭碑)'가 세워져 있다. 과거에 유생들의 기숙사였다는 동재와 서재에 방을 많이 만든 것도 간성향교의 특징이라면 특징이다. 아마도 이것은 먼 곳에서 온 유람생들을 위한 것이 아닐까 생각된다. 특이한 점은 또 있다. 다른 향교에서는 쉽게 볼 수 있는 홍살문이 이곳에서는 보이지가 않는다. 또 향교 옆에는 그리 오래된 것으로 보이지 않는 비석도 여럿 세워져 있다.

계획에 없던 방문이지만 이곳을 찾아오길 참 잘했다는 생각을 하게 된다. 현재 고성군 최북단에 있다는 향교라는 상징성도 있지만 다른 향교와는 다른 여러 가지를 알게 되었다. 내일은 고성8경 중 제1경이라는 건봉사를 찾을 계획이다. 간성향교 관람을 마치고 바로 간성읍으로 되돌아간다.

간성읍으로 돌아와서 다시 슈퍼에 들렀다. 이른 저녁을 먹긴 했지만 아무래도 이대로 저녁을 보내기엔 뱃속이 허전한 것 같아서다. 간식거리를 고르면서 나이 지긋한 슈퍼 주인에게 물었다. 이곳이 고성군 중심지인데 왜 고성읍은 없고 간성읍이 있냐고. 슈퍼 주인은 마치 기다렸다는 듯이 조리 있게 설명해 준다. 일제치하에서 고성군이 간성군에 병합되고, 다시 간성군이 고성군으로 개칭되었다고 한다. 그리고 1979년에 간성면이 간성읍으로 승격되었다는 것이다. 듣고 보니 이해가 간다. 간성군이 고성군으로 개칭될 때 간성면 명칭은 그대로 두었기 때문인 것이다. 그동안의 궁금증이 확 풀리는 순간이다. 이렇게 시원할 수가! 슈퍼에 들른 게 참으로 다행이다. 바로 이런 거다. 도보 여행의 목적이. 사실 최종 목적지인 통일전망대에 발을 내딛는 것만이 국토종단의 목적은 아니다. 통일전망대까지 가는 그 여정 자체를 나는 더 중히 여긴다. 낯선 사람을 만나 길을 묻고, 소박한 마을 표석에 신기해하고, 터널을 통과하는 긴장감도 맛보고, 지역별로 다른 가로수 수종도 생각해 보고, 지역별로 특이한 자연이 주는 풍경에 감탄하게 될 때에 나는 더 행복한 것이다. 이것이 이 길을 걷는 더 큰 이유인지도 모른다. 이젠 오늘 저녁 잠자리만 해결되면 오늘 할 일은 다 끝난다. 잠자리는 간성 향교로 출발하기 전에 미리 봐뒀다. 간성읍사무소 주변에는 비교적 정자가 많다. 읍사무소 내에도 있고, 그 너머에도 정자가 있다. 고성군에는 미안한 일이지만 오늘은 간성읍사무소 내에 있는 정자에서 하룻밤을 보낼 생각이다. 간성읍에도 서서히 어둠이 깔리기 시작한다.

아침에 들렀던 속초관광안내소 직원의 얼굴이 떠오른다. 자기가 알고 있는 모든 것을 내게 전해주려고 애쓰던 모습이 역력했다. 동해안 도보여행 초심자가 갈림길에서 갈등을 겪을 것까지 미리 예상해서 안내해주던 그 직원의 마음 씀씀이가 생각할수록 고맙게 느껴진다. 오래오래 기억될 것 같다. 고성군 땅에 들어설 때에 보았던 아치형 조형물에 적힌 표어도 생생히 기억된다. '살기 좋은 고장, 살고 싶은 행복고성'이었다. 살기 좋은 고장임에는 틀림없을 것 같다. 꼭 그래야 할 것이다. 몇 시간 후면 2017년 9월과 이별하게 된다. 오늘도 나는 순간순간을 잘 살려고 진정으로 애썼을까? 언젠가 이 세상과 헤어지는 날, 나는 어제도 그제도 그 전에도 나답게 잘 살았다고 자신 있게 위로할 수 있어야 할 텐데…. 시시각각으로 바람 끝 촉감이 달라지고 있다. 북쪽이어서 그럴 것이다. 9월의 마지막 날이 또 이렇게 소리 없이 저문다.

🥾 오늘 걸은 길

속초 해수피아 찜질방 → 설악대교 → 동명사거리 → 고성군 용촌삼거리 → 봉포삼거리 → 간성교차로 → 간성읍(31Km, 7시간 50분)

18

열 여 덟 째 걸 음

고성군 간성읍에서
대진항까지

북천교를 지나 대대삼거리에서 우측으로,

거진에 들어서니 해변을 막아서는 철조망이,

7번도로를 버리고 초도해변으로, 드디어 대진항에

이동경로

간성읍→ 북천교차로→ 대대삼거리→ 반암교차로→ 봉평교차로→
죽정교차로→ 대진항(현내면사무소 정자에서 야영)

핸드폰 알람에 맞춰 새벽 4시경에 기상. 어제저녁 슈퍼에서 준비한 빵으로 간단히 아침 식사를 해결하고 부랴부랴 텐트를 철거한다. 텐트를 걷는 새에 새까맣던 밤도 슬그머니 허물어지기 시작한다. 새로 들어선 아침, '새날'을 맞는다. 10월이 시작되는 첫날이다.

6시가 되자마자 간성 버스터미널로 향한다. 오늘의 국토종단길 출발에 앞서 '딴짓' 좀 하기 위해서다. 들를 곳이 있다. 고성군이 자랑하는 건봉사를 방문할 생각이다. 건봉사는 고성군이 고성 8경 중 제1경이라고 자신 있게 자랑하는 곳이다. 그런 소릴 듣고서도, 이곳까지 와서 그냥 간다는 건 좀 그렇다. 고성군에 대한 예의도 아니고 또 오늘 국토종단 일정도 시간상으로 널널할 것 같아서다. 건봉사는 이곳 간성읍에서 10킬로미터 정도 떨어진 진부령과 거진읍 중간에 위치해 있다. 그곳까지 가는 버스가 이곳 간성 버스터미널에 있는데 첫 버스가 아침 7시 18분에 출발한다.

버스가 출발하려면 좀 더 기다려야 한다. 남은 시간을 때우기 위해 터미널 인근에 있는 커피숍으로 들어간다. 모처럼 부려보는 여유다. 이른 아침인데도 커피숍에는 대여섯 사람이 자리를 잡고 있다. 그중에 두 명은 군인이다. 군인을 볼 때마다 내 아들을 생각하게 된다. 우리 나라 병역 제도와 군 생활에 대해 불만이 많았던 아들이다. 나라가 처한 현실과 국방의무를 알고 있으면서도 그랬다. 간간이 드러나는 병역 비리도 그런 생각을 갖도록 한몫을 했을 것이다. 요즘 입대를 앞둔 많은 젊은이들이 그럴 것이다. 안타까운 현실이다.

버스에 오른다. 시내를 벗어난 버스는 미친 듯 질주한다. 주변 풍경이 버스보다 더 빠르게 후퇴한다. 눈이 어지러울 정도다. 흘러가는 주변 풍경을 둘러볼 새도 없이 버스는 삽시간에 건봉사 초입인 해상리에 도착한다. 15분 정도가 소요된 것 같다. 해상리 마을에서 군부대와 사격장을 지나니 삼거리가 나오고, 삼거리에서 우측 길로 들어서서 검문소 앞에서 좌측으로 가니 건봉사가 눈앞이다.

건봉사에는 나 외에는 관광객이라곤 찾아볼 수가 없다. 고성군 제1경이라는 명성이 무색할 정도다. 이른 아침이어서 그럴 것이다. 제일 먼저 눈에 띄는 것은 야트막하게 둘러친 기와로 된 담장이다. 건봉사의 정문에 해당하는 불이문도 좀 특이하다. 일반적으로 불이문은 기둥이 양쪽으로 하나씩 모두 둘인데 이곳 불이문은 꽤 높은 돌기둥이 4개나 된다. 돌기둥이 4개인 이유가 뭘까? 불이문 옆에는 수령이 꽤 됐음직한 거목이 한 그루 있다. 느티나무는 아니고 어렸을 적에 마을 어귀에서 자주 보던 팽나무 같다. 팽나무가 맞다. 불이문을 위해 팽나무를 심었는지, 팽나무를 위해 불이문의 돌기둥이 4개인지? 아무튼 둘은 교묘하게 조화를 이룬다. 능파교 또한 소문대로다. 능파교는 대웅전이 있는 곳과 극락전이 있는 곳을 연결하고 있는데, 양끝은 처지고 가운데는 둥글고 높이 솟아서 마치 무지개를 연상케 한다. 이런 식의 다리는 2016년 4월 내 고향 진도를 일주하면서 보았던 진도 남도진성에 있는 쌍운교 단운교와 아주 유사하다. 그때도 오늘과 같은 감동이었다. 그 먼 옛날에 이런 건축공학을 발휘할 수 있었다니⋯. 옛 선인들의 지혜에 감탄하지 않을 수가 없다. 이 능파교는 보물 제1336호로 지정되었다고 한다. 이어지는 장군샘. 장군샘 앞에서는 선조들의 깊은 나라 사랑 정신에 나도 모르게 숙연해진다. 엄숙함이 절로 묻어난다. 내가 이 샘의 이름이 생긴 연유를 알고 있기 때문이다. 장군샘은 무색, 무미, 무취의 광천수다. 임진왜란 당시 승병을 일으킨 사명대사께서 국란을 극복하기 위해 전국의 승려들을 이 물로 몸을 씻게 하고 마시도록 하여 각종 질병을 퇴치했다고 한다. 볼 것은 많고 아까운 시간은 자꾸만 내달리듯 흐른다. 오후의 꽉 짜인 국토종단 일정 때문에 보는 둥 마는 둥 발걸음만 바빠진다. 건봉사의 명물이라는 왕소나무가 있다는데, 한국전쟁 당시 건봉사가 완전히 폐허가 될 때에도 그대로 자리를 지켰다는 왕소나무를 시간 관계상 보지 못하고 떠나야 함이 큰 아쉬움으로 남는다. 두고두고 후회로 남을지도 모르겠다.

건봉사는 520년(법흥왕 7) 고구려의 승려인 아도가 창건하였다고 한다. 창건 당시는 원각사라 하였고, 1358년(공민왕 7) 나옹이 중건하면서부터 건봉사라 부르게 되었다. 건봉사를 고성군의 제1경이라고 하는데, 직접 와서 보니 그럴만한 이유가 충분한 것 같다. 설악산 신흥사, 백담사 등 9개 말사를 거느렸던 전국 4대 사찰 중 한 곳이었고,

10,000일 동안 염불을 계속하는 모임인 염불만일회의 효시이고, 1464년 세조가 이 절을 원당(자신의 소원을 빌기 위한 지정 사찰)으로 삼았던 곳이다. 또 있다. 건봉사는 임진왜란 때 사명대사가 승병을 모집하여 봉기한 국난극복유적지일 뿐만 아니라 만해 한용운 선생이 승려생활을 한 곳이기도 하다.

이제 건봉사를 떠날 시간이다. 제대로 관람하진 못했지만, 국토종단 중 일부러 시간을 내서 찾아온 보람이 있다. 고성군을 방문한 사람이라면 건봉사를 꼭 찾아볼 것을 권하고 싶다. 건봉사는 진부령과 간성읍 사이인 지금의 거진읍 냉천리에 있다. 간성읍에서 건봉사를 찾아가려면 대대삼거리에서 좌회전하여 진부령 쪽의 46번 국도를 따라 쭉 가면 된다. 건봉사까지 가는 대중교통도 있다. 간성터미널에서 건봉사의 초입인 해상리까지 가는 시내버스가 하루에 5회 왕복 운행하는데 15분 정도가 소요된다.

건봉사 관람을 마치고 다시 간성읍에는 낮 12시쯤 도착. 간성읍에서 간단히 점심을 해결하고 바로 국토종단길에 나선다. 오늘은 이곳 간성에서 대진항까지 걸을 생각이다. 대진항은 고성군에서 최북단에 위치한 항구다. 그런 만큼 궁금한 게 많다. 그곳에서 가급적 많은 시간을 보낼 생각이다.

아쉬움을 안고 간성을 떠난다. 간성로를 따라 춘천지방법원 고성군법원이 있는 곳을 통과하니 북천교차로에 이른다. 북천교차로에 이어 북천교를 통과하니 대대삼거리 교통표지판이 나타난다. 북천교 아래로는 북천이 흐르고 있다. 일부러 북천을 내려다본다. 흐르는 물에 내 얼굴이 비치도록 충분한 시간을 들여 내려다본다. 이 북천을 따라 흐르는 물은 흐르고 흘러 동해로 찾아갈 것이다. 흐르는 물에 찍힌 내 얼굴도 동해로 그리고 더 먼 세상으로 나아갈 것이다.

대대삼거리

잠시 후에 대대삼거리에 이른다. 대대삼거리 중앙에는 멋진 소나무가 우아하게 포즈를 취하고 있다. 이곳을 지나는 사람마다 한 번쯤은 시선을 뺏겼을 만한 아름다운 수형이다. 사람으로 치면 보는 순간 '참 잘생겼다'라는 감탄사가 저절로 나올 정도다. 이 지역에서 '전국 남녀 종별 배구선수권대회'가 열리는 모양이다. 삼거리 우측에 그걸 알리는 입간판이 서 있다. 대대삼거리에서 우측으로 진행한다. 이제부터는 진부령로를 따르게 된다. 대대삼거리에서 좌측으로 진행하면 진부령으로 갈 수 있다는 걸 생각하니 감회가 새롭다. 진부령은 바로 얼마 전에 내가 백두대간 종주를 마친 뜻깊은 지역이기 때문이다. 그날 진부령은 비가 내렸었다.

다시 삼거리에 이른다. 도로 좌측은 대대리 마을. 그 너머는 오정리다. 들판은 가을 추수 끝 무렵인 듯 간간이 텅 비어 있는 논이 무질서하게 나뒹군다. 어느새 7번 국도를 지나버렸다. 일반국도를 버리고 계속해서 작은 지방도로를 따라가게 된다. 국도의 갓길이 위험하기도 하지만 조금이라도 더 바다가 가까운 곳에서 걷고 싶어서다. 해변가 마을 사람들이 사는 모습을 보기 위해서다. 이렇게 바다를 보면서 걷는 도보 여행은 아무리 걸어도 지루하지가 않다. 바다가 옆에 있다는 것만으로도 행복하다. 멀뚱멀뚱 더 생기가 솟는다.

어느새 간성읍을 지나 거진읍에 들어섰다. 송죽리를 지나면서 리얼한 농촌의 추수하는 모습을 가슴에 담게 된다. 송포교를 지나고 마산교를 통과할 때다. 여성들의 활동이 상당히 적극적인 장면을 목격하게 된다. 여성이 운전하는 오토바이 뒤에 여성이 타고 달리는 장면이다. 이런 모습은 생전 처음 보는 것 같다. 도로는 다시 7번 국도와 합쳐진다. 이제부터는 7번 국도를 따라 걷게 된다. 반암교차로를 통과한다. 이곳에 세워진 교통표지판은 말한다. 직진은 통일전망대와 거진, 우측은 반암리 마을 방향이라고. 동해가 바로 옆에 있다. 해안가 철조망이 보인다. 철조망 너머의 바닷물이 너무나 평화롭다. 저렇게 평화로운 곳에서 무슨 일이 있으랴만, 이중 삼중 철조망으로 봉쇄를 해야만 하니….

고 김득구 선수 묘지가 있는 거진읍 반암리 마을 안 도로

반암리로 향하는 마을 안길로 들어선다. 의외의 입간판을 발견한다. 입간판에는 '울지 않는 호랑이 고 김득구 선수 묘 입구'라고 적혀 있다. 아! 김득구 선수. 복싱 선수였던 김득구씨의 묘가 여기에 있을 줄이야…. 김득구 선수는 당시 우리나라 최고의 파이터였다. 한국 라이트급 챔피언, 동양 라이트급 챔피언이 되면서 승승장구했다. 대망의 세계챔피언 도전길이 열렸다. 그러나 1982년 11월 14일 미국 라스베이거스에서 열린 WBA 라이트급 챔피언전에서 그 대망은 좌절되었다. 레이 맨시니와 경기 중에 14라운드에서 턱을 맞고 쓰러져 병원으로 옮겨졌으나 4일간의 뇌사상태에 빠진 끝에 결국 사망한 것이다. 김득구 선수의 사망은 전 세계에 큰 충격을 주었다. 당시 우리나라 최고의 인기 스포츠였던 권투가 위험한 스포츠라는 인식이 생기기 시작했고, 미국 의회에서는 권투의 위험성에 대한 청문회가 열리기도 했다. 결국 권투계는 권투의 인기 유지보다는 선수 보호를 위한 대책을 마련해야만 했다. 15라운드 경기를 12라운드로 줄였고, 매 라운드 사이의 휴식 시간을 60초에서 90초로 늘렸다. 스탠딩 다운제를 도입했고, 올림픽 권투 종목 역시 1984년 하계올림픽부터 헤드기어를 의무화하였다.

김득구 선수와 이곳 반암리가 무슨 관련이 있을까? 마을 사람을 통해 확인해 보니 의문이 바로 풀린다. 이곳 거진읍 반암리가 고 김득구 선수의 고향이란다. 바다가 고향인 고 김득구 선수. 드넓은 이 동해를 보면서 꿈을 키웠을 선수의 야망이 어렵지 않게 그려진다. 햇볕도 피하고 휴식도 취할 겸해서 도롯가에 있는 버스 정류소 의자에 잠시 앉는다. 그때 정류소 앞 슈퍼에서 나오시던 어느 할머니가 골목으로 내려가시려다가 내가 앉아있는 것을 보고 정류소 의자 내 옆에 앉으신다. 70대 후반으로 보이는 할머니다. 약간은 이상한 기분이 들지만 나도 목례로 인사를 드렸다. 그러자 할머니께서 먼저 말을 거신다.

"어데까지 가시오?"

"통일전망대까지 갑니다."

"걸어서요? 여기 버스 있는데 버스 타고 가제 그래요?"

"걸어서 가는 국토종단을 하고 있습니다. 버스를 타면 안 됩니다."

"…"

"마을이 참 조용한데, 이런 곳에 사시면 적적하지는 않으세요?"

"안 적적해요. 우리 아들이 너무 잘해줘요."

"아드님이요?"

"그래요. 우리 아들이 그래요. 우리 아들이 어촌계장이야요."

"어촌계장이면 동네 일을 많이 하시겠네요."

"그라믄요. 우리 아들이 말을 잘해요. 말을 할 때 듣는 사람이 궁금해 할 것을 미리 다 알아서 말해 버리니 우리 아들이 말만 하면 동네 사람들이 더 이상 토를 안 달아요."

"똑똑하신가 봐요."

"키는 작아도 똑똑하고 야무져요."

"누굴 닮아서 그렇게 똑똑하세요? 할아버지요 아니면 할머니요?"

"할아버지는 4년 전에 갔어요. 없어요. 인물이랑 말하는 것은 나 닮았어요. 동네 사람들이 다 그래요."

이런 게 행복일 것이다. 비록 할아버지는 돌아가셨지만, 동네 사람들에게 자랑할 수 있는 아들이 있는 할머니 같은 분 말이다. 내가 좀 더 적극적으로 추임새를 넣었더라면 그 순간만이라도 할머니는 훨씬 더 행복해 하셨을 텐데, 그렇지 못한 것이 못내 아쉽고 할머니에게 미안하다. 내 곁에서 끝까지 떠나지 않으시는 할머니를 두고 무거운 발걸음을 옮겨야 하는 것도 죄송스럽다. 길을 나서면서도 할머니가 오래오래 건강하시고 아들과 함께 더욱 더 행복하시기를 빈다.

반암리에 이어지는 마을은 송포리. 도로 우측 아래쪽에는 거진읍사무소가 위치해 있다. 봉평교차로를 통과하니 도로 좌측에는 봉평리 마을이 자리 잡고 있다. 그 맞은편 아래로는 거진항과 거진종합버스터미널이 있다. 그리고 보니 지금 거진읍 중심지를 지나고 있는 것 같다. 이럴 수가! 거진읍을 이렇게 무심하게 지나다니! 이래도 되는 건가? 속 모르는 발걸음은 계속 앞으로만 나아가고 있다. 도로 좌측의 원당리와 죽정리를 지난다. 정말로 무심하다. 너무 아쉽다. 정말 이래도 되는 걸까? 이곳에 도착하면 화진포를 꼭 구경하려고 했었다. 오래된 바람이었다. 화진포가 어떤 것인가는 자료를 통해 잘 알고 있다. 화진포는 거진읍 화포리·원당리, 현내면 죽정리·초도리·산학리 일대에 걸쳐 있는 호수다. 그저 그런 호수가 아니다. 강원도 기념물 10호로 지정되었을 뿐만 아니라 국민관광휴양지로도 지정되었다. 둘레가 자그마치 16킬로미터로 동해안 최대의 자연호수다. 철이 되면 호숫가에는 해당화가 만발한다. 그래서 화진포라고 이름 붙였다고 한다. 넓은 갈대밭에는 수천 마리의 철새와 고니가 날아들고, 주변은 울창한 송림으로 둘러싸여 환상적이라고 하니…. 상상이 갈 것이다. 생각만으로도 황홀할 지경이다. 이것이 다가 아니다. 주변에는 이름난 별장이 많았는데 지금도 이승만 초대대통령 화진포기념관과 별장, 이기붕 부통령 별장, 화진포의 성이라 불리는 김일성 별장이 있어 역사안보전시관으로 운영되고 있다. 두 눈으로 꼭 확인하고 가야 하는데…. 아쉬운 것은 화진포뿐만이 아니다. 조금 전에 지나친 거진항도 마찬가지다. 거진항은 고성에서 가장 큰 항구다. 동해 북부 어업전진기지로 성장한 천혜의 어항이다. 그래서 해마다 거진항에서는 통일명태축제가 열리기도 한다. 이런 곳을 바로 옆에 두고도 모두 지나치고 있다. 지나쳐야만 한다. 오늘 일정의 하이라이트가 될 대진항 때문이다. 이번 국토종단길의 마지막 항구가 될 대진항에서 넉넉한 시간을 갖기로 했기에 어쩔 수 없다.

아쉬움을 뒤로 하고 발길을 재촉한다. 죽정교차로를 지난다. 현내면 죽정리에 들어선 것이다. 현내면은 우리나라 현대사의 아픔을 간직하고 있는 곳이다. 1952년까지만 해도 북한 공산치하에 있었고, 1954년이 되어서야 비로소 대한민국 행정권이 수복되었다. 이후 경향 각지에서 피란민이 몰려들어 이루어진 지역이다. 고성군 최북단 항구인 대진항이 이곳에 있다.

이어서 초도교차로를 지나 대진리에 이른다. 이제 통일전망대도 머잖았다. 지금 걷고 있는 7번 도로를 따라 쭈욱 가면 통일전망대 출입신고소에 이를 것이다. 그러나 통일전망대는 내일로 미루고 오늘은 이곳 대진항에서 머물 생각이다. 통일전망대 개방 시간은 오전 9시부터 오후 4시 40분까지이기 때문이다(동절기에는 오후 4시까지).

7번 도로에서 벗어나 우측의 마을길로 진입한다. 도로 좌측에 현내 면사무소가 있다. 면사무소 좌측 모퉁이에 잠시 눈길이 멈춘다. 정자를 발견한 것이다. 오르막길을 오르다가 이내 정점에 이르고 바로 내리막길이 시작된다. 도로 주변은 조금은 왜소한 단층 주택들이 대부분이다. 한참을 내려가니 도로 주변에 상가가 즐비한 마을 중심가에 이르고, 그 우측에 대진항이 있다. 그렇게 만나고 싶었던 항구다. 우리나라 최북단에 있다는 항구다. 다른 곳을 다 제쳐두고 바로 달려온 대진항이다. 더 이상 걷는 것을 중단하고 바로 대진항으로 향한다. 해안 쪽으로 들어서자 바로 선착장이 등장하고 좌측 건너편에 등대도 보인다. 37킬로미터 떨어진 해상에서도 식별이 가능하다는 대진등대다. 우측에 늘어선 활어회센터도 눈에 들어온다. 어항에는 비교적 작은 어선들이 많이 보인다. 선착장을 먼저 들른다.

현내면에 위치한 대진항 해상공원

선착장에는 '대진항 해상공원'을 꾸며 놓았다. 바다에 떠 있는 공원이다. 관광객인지 마을 주민인지 모르겠지만, 해상공원에는 바다를 감상하고 있는 사람들이 몇 사람 보인다. 석양의 바다를 감상하기도 하고 낚시질을 하는 사람도 있다. 신기하기도, 여유로워 보이기도 한다. 그런데 바닷물이 이렇게 깨끗할 수가! 깊이가 3~4미터 정도 된다는데 말이다. 나도 배낭을 내려놓고 관광객들의 대열에 합류한다. 멀리 바다로 눈길을 돌리는 순간 탄성이 절로 난다. 어디까지가 바다이고 어디서부터 하늘인지 알 수가 없다. 이곳 대진항에서는 털게, 대게, 도루묵, 문어 등이 많이 잡힌다고 한다. 해상공원이 장난이 아니다. 고성군에서 해양관광 활성화를 위해 이곳에 해상공원을 조성했다는 취지에 100% 공감이 간다. 첫눈에 반한 셈이다. 홍보만 잘하면 반드시 빛을 볼 것만 같은 예감이다. 한 마디로 '대박'을 칠 것 같다. 길이 152미터, 폭 6미터의 Y자형 해상데크 형태의 공원이다. 해상공원 입구에서 Y자로 갈라지는 지점에는 그늘막 쉼터가 있다. 안전하게 낚시를 할 수 있도록 잔교도 만들었다. 데크 끝에는 2층에 전망대를 설치하여 동해를 조망할 수 있게 하였다. 2층으로 올라가 본다. 이곳에서 보는 모든 것이 공짜다. 하늘을 나는 갈매기 쇼도 공짜다. 물속을 차고 오르는 물고기들의 몸부림도 리얼하게 구경할 수가 있다. 북쪽에서 날아오는 동포의 입김이 섞인 공기도 완전 공짜다. 이곳에서만큼은 오늘 하루 내가 동해의 주인이 되는 것이다.

대진항에서 저자 인증 사진

해상공원을 빠져나와 대진항 이곳저곳을 둘러본다. 활어회 센터도 구경한다. 털게 요릿집이 많이 보인다. 철조망을 따라 대진해변 도로도 걸어본다. 해산물 경매센터도 가 본다. 대진항을 한 바퀴 빙 둘러본다. 그리 크지도 넓지도 않은 소박한 항구다. 어선들이 정박해 있는 곳에서는 남녀 인부들이 뭔가를 손질하느라 코를 박고 열중이다. 반갑기도, 궁금하기도 해서 다가가서 물었다.

"안녕하세요? 지금 뭐 하시는 중인가요?"

"…" 말이 없다. 잠시 후 자기들끼리 얼핏 마주 보더니 다시 코를 박는다. 알고 보니 외국인 근로자들이다.

"What are you doing now?" 역시 말이 없다. 이번에는 고개를 들어 소리 없이 웃기만 한다. 자기들끼리만 쳐다보면서. 이해가 간다. 나도 웃음으로 답해주고서 자리를 뜬다. 최근에 온 외국인 근로자인 모양이다. 아니면 비영어권 출신일 수도.

내일 아침이면 만선의 배가 들어오는 광경을 볼 수도 있겠다. 대진항을 한 바퀴 도는 데도 그리 많은 시간이 걸리지 않는다. 파출소 옆에는 공중화장실이 있다. 나 같은 나그네에게는 가장 소중한 시설이다. 그곳에서 볼일을 보고 땀을 씻어내고 빨래를 할 수 있어서다. 정신없이 쏘다닌 것 같다. 순서 없이 이곳저곳을 돌아다녔다. 어둠이 내리기 시작한다. 오늘 일과를 끝내야 할 시점이다.

저녁식사를 위해 다시 마을로 들어선다. 식당 몇 곳을 들렀으나 내가 찾는 메뉴가 보이지 않는다. 마지막에 들른 식당 앞에는 메뉴가 적힌 작은 입간판이 세워져 있다. 그중에는 내가 찾고 있는 김치찌개도 당당하게 포함되어 있다. 식당 안에는 저녁 식사 중인 손님도 몇 사람 보인다. 김치찌개를 주문하는 나에게 식당 주인은 김치찌개 1인분은 안 된다고 한다. '1인분이 왜? 어째서?' 황당하지만 싸울 수도 없는 노릇이다. 그렇다고 2인분을 시킬 수도 없다. 무언으로 항의를 보내고 그냥 나와 버린다. 항구라서 그럴 것이다. 이미 돈맛을 알아버려서 그럴 것이다. 해상공원에서 한창 상승된 기분이 엉망이 된다. 갑자기 고성군이 미워지고 대진항이 야속하게 느껴진다. 이후 몇 곳을 더 들렀으나 불이 켜진 식당은 보이지 않는다. 초저녁인데도 말이다. 항구가 원래 이런 곳일까? 할 수 없이 하나로마트에 들어간다. 저녁거리를 해결하기 위해서다. 씁쓸하다. 두 번 다시 기억하고 싶지 않은 서글펐던 순간으로 남을 것만 같다.

잘 산다는 것, 멋지게 산다는 게 대체 어떤 것이기에? 꼭 이런 굴욕을, 이런 과정을 다 거쳐야만 하는 걸까? 산다는 것이 스스로를 찾아가는 지난한 과정이라던 표현이 또 절로 생각난다.

하나로마트에서 나와 다시 현내면사무소로 향한다. 오늘 저녁을 보낼 곳을 찾아가는 것이다. 바닷가에도 텐트를 펼칠 수 있는 정자가 있긴 하다. 하지만 마을 주민들의 눈총이 두려워 조금 더 한적한 면사무소 모퉁이에 텐트를 칠 생각이다. 이곳 대진리에는 항구를 찾은 관광객들을 대상으로 하는 민박집이 많다. 그런 만큼 민박을 하지 않고 텐트를 치는 사람에게는 매서운 눈초리를 보낼 것이 확실해서다.

일요일 오후임에도, 이미 어둠이 깔렸는데도 면사무소 사무실에는 아직까지도 환하게 불이 켜져 있다. 저 불이 꺼져야 내가 텐트를 칠 수가 있는데…. 면사무소 직원들이 퇴근할 때까지 다른 곳에서 시간을 보내기로 하고 발길을 돌린다. 낮에 봐 둔 대진 시외버스종합터미널 옆에 있는 소공원으로 향한다. 공원에는 운동시설과 벤치가 있다. 벤치에 앉아 어둠에 묻혀버린 대진항을 내려다본다. 어둠 속이지만 낮에 봤던 모든 것들이 보이는 듯하다. 작은 어선들도, 해상공원의 2층 전망대도, 바다 위를 날던 갈매기들조차도 보이는 듯하다. 바다 건너 저 멀리까지도 상상을 해본다. 1952년까지만 해도 북한 공산치하에 있었다는 이곳. 1954년 대한민국 행정권이 수복되고 경향 각지에서 피난민이 몰려들어 한때는 9,000여 명이 몰려들었다는 이곳 대진리. 어쩌다가 내가 이런 곳까지 와서 밤을 맞이하게 됐을까? 해남 땅끝에서 시작한 발걸음을 하나씩 하나씩 짚어본다. 임실에서 만난 행운집 할머니, 나에게 사과를 다섯 개나 주던 영월 주천파출소 경찰관, 하루 저녁 숙소 공양을 거절하던 상원사 직원, 모릿재 터널 직전에서 만난 나에게 커피와 토마토를 주신 할머니 그리고 성수의 어느 도로에서 만나 국토종단의 마지막 걸음까지 나를 위해 기도해 주시고 카톡으로 관련 지도를 보내 준 목사님 등 여러분들의 모습이 생생하게 떠오른다. 모두가 이번 길에서 만난 스승들이다.

소공원에서 다시 면사무소로 돌아왔을 때는 그 환하던 불빛도 사라지고 몇 개의 가로등불만이 주변을 지키고 있다. 텐트를 칠 정자는 면사무소 정문 좌측 모퉁이에 있다. 도로변이라 이따금씩 지나는 차량이 있긴 하지만 밤중이라 사람들의 통행이 거의 없어 다행이다. 국토종단길에 맞는 마지막 밤이다. 내일이면 이번 발걸음의 종착지인 통일전망대에 들어설 것이고, 더 이상 이런 밤은 없을 것이다. 밤이 깊어가는 만큼 기온도 내려가고 있다. 집에 늦은 안부를 전하고, 오늘 하루를 마무리한다. 내일이 기다려진다.

오늘 걸은 길

간성읍 → 북천교차로 → 대대삼거리 → 반암교차로 → 봉평교차로 → 죽정
교차로 → 대진항(22Km, 6시간)

19

열 아 홉 째 걸 음

대진항에서
통일전망대까지

다시 7번 도로에 서다.

통일전망대 출입신고소를 거쳐

드디어 국토종단길의 종점 통일전망대에 서다!

이동경로

대진항→ 고성소방서 현내 119지역대 → 안보공원교차로→ 통일전
망대 출입신고소→ 강원도 고성 통일전망대

다른 날보다 더 일찍 기상한다. 고성군 최북단 항구인 이곳 대진항
에서 일출을 보기 위해서다. 새벽 4시에 일어나 약간 미적거리다가 텐
트를 철거한 후 바로 현내면사무소를 나선다(05:20). 아직도 주변은 캄
캄하다. 오늘 해맞이 장소는 이곳에서 멀지 않은 초도해수욕장이다.

국토종단길 마지막 밤을 보낸 현내면사무소 정자

현내면사무소 바로 아래에 있는 초도해수욕장 해맞이 표석

면사무소를 나서자마자 바로 삼거리에 이른다. 삼거리에서 좌측으로 조금 내려서면 동해가 펼쳐지고 철조망 울타리가 처진 해안가에 이른다. 이곳이 오늘의 해맞이 장소다. 표석이 세워져 있다. 표석에는 '해맞이, 화진포 초도해수욕장'이라고 적혀 있다. 아직 일출 시간은 멀었지만, 자리를 뜰 수가 없다. 뻘건 태양이 솟아오르는 순간을 놓칠까 봐서다. 찬바람 속에서 동해 수평선만을 응시한다. 구름이 잔뜩 끼어있다. 일출을 볼 수 있을지 염려된다. 수평선 위가 조금씩 붉은빛이 감돌다가 사라지기를 반복한다. 한참을 기다린 끝에 붉은빛은 더욱 선명하게 나타난다. 주변도 어느새 어둠이 걷혀 있다. 태양은 이미 솟아올랐지만 구름 속에 갇혀 있는 것 같다. 그런 수평선 위 붉은빛을 응시하며 가족들의 건강을 기원한다. 성공적인 국토종단도 빌어본다. 큰 기대와는 달리 허무하게 막을 내린 일출의 순간이다. 그러나 일출의 순간을 엄숙하게 응시했다는 것만으로도 만족한다. 주변은 시시각각 어둠이 걷히고 제 모습들을 드러내기 시작한다.

성스럽게 치러낸 나만의 일출 의식을 끝내려는 순간 해안가를 걸어오는 여성 노인을 발견한다. 아침 운동을 하는 분인 것 같다. 그런데 자세히 보니 어제 오후 해안가에서 뵙던 분이다. 아침저녁으로 이 해안가를 따라 산책하신다는, 민박집을 운영한다는 그분이다. 내가 인사하니 그분도 나를 알아봐주신다. 어제의 무표정하던 얼굴과는 달리 오늘은 만면에 웃음기를 보인다.

이제 통일전망대를 향해 출발할 시간이다. 하지만 잠시 미루고 어제 들렀던 해상공원을 다시 찾아가기로 한다. 대진항의 아침 풍경을 보고 싶어서다. 해상공원의 아침 풍경도 궁금하지만 수산물 경매시장에서 벌어질 아침 경매 현장을 꼭 구경하고 싶어서다. 해상공원을 향하여 해안도로를 따라 걷는다. 해상공원으로 들어선다. 2층 전망대 주변 데크에는 어제는 보이지 않던 텐트가 설치되어 있다. 그 옆에서는 이른 아침부터 청년 두 사람이 낚시에 열중이다. 이 텐트 속에서 어젯밤을 새운 모양이다. 같은 장소 같은 시각에 나 말고도 또 다른 텐트족이 있었다니…. 바다 위에서 밤을 새운 텐트족. 나보다 멋진 밤을 보내다니! 존경스럽다. 나는 주민들이 볼세라 몰래몰래 면사무소 모퉁이에서 겨우 도둑잠을 잤는데. 나는 왜 이들처럼 해상공원 데크에서 갈매기를 벗 삼아 잠 잘 생각을 못 했을까? 왜! 단속, 규제, 질서, 정직, 예의만 생각했을까? 어째서 낭만과 모험은 나와는 멀디먼 젊은이들의 전유물로만 생각했을까? 내게는 언제쯤 제대로 된 프로 기질이 생길까? 언제쯤 제대로 된 낭만을 즐길 수 있을는지….

해상공원에서 나와 수산물 경매센터로 향한다. 지나가는 사람들의 발걸음이 빠르다. 전부 경매센터로 향하는 몸짓들이다. 경매장에는 많은 중매인들로 북적이고 만선의 고깃배들도 하나둘씩 들어오기 시작한다. 경매장 분위기는 최고조의 긴장 모드로 바뀐다. 조용하지만 좋은 물건을 획득하기 위한 중매인들의 손놀림 입놀림이 바빠진다. 경매사의 신호에 따라 중매인들은 종이에 낙찰가를 적어낸다. 최고가를 적어낸 중매인에게 낙찰이 되는 것이다. 새로운 배가 항구로 들어올 때마다 경매사와 중매인들은 더욱 바빠진다. 나처럼 구경 나온 사람들도 덩달아 그들의 동선을 따라 움직인다. 오늘 아침 경매시장에는 해장국으로 좋다는 '도치'라는 생선이 압도적으로 인기몰이 중이다. 생전 처음 보는 생선이다. 생김새는 짜리몽땅하게 생겨 흐물흐물하게 보이는 것이 별로로 생각되는데, 어엿한 오늘 아침 경매장의 주인공이 되고 있다. 수산물 경매는 한동안 더 이어지고, 그사이 목적물을 챙긴 사람들은 하나둘씩 소형 트럭에 획득물을 싣고 자리를 뜬다. 나도 발걸음을 돌린다. 이제 드디어 이번 국토종단의 종착지인 통일전망대를 향해 발걸음을 옮길 차례다.

대진항 아침 경매 현장

새파란 하늘은 더없이 높다. 바다 쪽에선 갯내 섞인 해풍이 잔잔하게 불어온다. 오늘따라 발걸음은 뛸 듯이 가볍다. 국토종단을 마무리하는 마지막 날이기 때문일 것이다. 다시 해맞이 표석이 있는 곳을 지나 7번 일반국도를 찾아간다. 어제저녁 벤치에 앉아 동해를 바라보던 소공원을 지나 7번 도로 위에 다시 선다. 이 도로를 따라 쭈욱 가면 얼마 후에 통일전망대 출입신고소에 이를 것이다. 바로 도로명을 알리는 표지판이 나타난다. 이어서 도로 우측에 고성소방서 현내 119지역대가 나온다. 지금 시각은 8시 30분을 넘고 있다. 좀 더 진행하니 이번에는 굴다리를 통과하게 된다. 굴다리에는 '분단과 평화의 상징/통일전망대'라고 적힌 현수막이 걸려있다. 굴다리라기보다는 반공 시설물인 것 같다. 10여 분을 더 가니 교통 표지판이 또 나온다. 교통 표지판에는 온정 29, 통일전망대 10킬로미터라고 적혀 있다.

통일전망대가 10킬로미터 남았다고 알리는 교통표지판

통일전망대 출입신고소

우측 해변에 호텔 같은 건물이 보인다. 그 유명한 금강산 콘도다. 지난 시절 금강산 관광이 성업 중일 때 사람들은 저 콘도를 이용하곤 했을 것이다. 이어서 통일전망대 출입신고소가 300미터 전방에 있다는 표지판이 나온다. 바로 안보공원교차로에 이르고 이곳에서 우측으로 내려가니 출입신고소에 이른다(08:57).

출입신고소 입구에는 곧 통일전망대로 출발하기 위해 대기 중인 차량들이 주차되어 있고 한쪽에는 택시도 보인다. 출입신고소 건물 안으로 들어선다. 건물 안에는 접수처와 각종 토산품 및 기념품을 판매하는 매점, 식당 등이 있고 옆 건물에 안보교육관이 있다. 출입신고소에 도착하면 모든 게 순조롭게 이뤄지고 통일전망대 가는 길은 일사천리로 진행될 줄로만 알았다. 그런데 예상치 못한 문제에 직면한다. 자가용이 없는 사람은 통일전망대 출입이 안 된다는 것이다. 도보로는 안 된다는 것이다. 출발 전에 알고 있던 사실이지만 이것조차도 이곳에 오면 자동으로 해결될 줄로만 알았다. 나름대로 준비한다고는 했지만 그래도 사전 준비가 부족했던 게 여지없이 들통이 나고 만다. 출입신고는 간단하다. 접수처 안에는 신고절차가 자세히 안내되어 있다. 출입신고서를 작성하고 주차료 4,000원, 입장료 3,000원을 내면 끝이다. 자가용이 없는 사람은 자가용을 가져온 사람과 동승을 하든지 아니면 택시를 이용해야만 한다. 동승하는 것은 주변머리 없는 나로서는 일찌감치 포기한 상태이고, 택시 기사에게 부탁하는 수밖에. 택시비는 4만 원이다. 4만 원을 내고 혼자 가기에는 너무 아까워 합승하기로 결정. 조금만 기다리면 합승할 여행객이 나타날 거라는 택시 기사의 말을 믿고 기다린다. 기다리는 동안 접수처 앞에서 서성이는 나를 본 접수처 직원이 안타까운 심정으로 자꾸 나를 쳐다본다. 아마도 '적극적으로 동승을 시도해보지 왜 가만히 서 있느냐' 하는 눈치일 것이다. 안다. 하지만 어쩌겠는가. 그런 건 도저히 할 수가 없으니….

한 시간이 넘게 기다린 끝에 합승객이 나타난다. 주인공은 부자지간인 조선족 두 사람. 50대 아버지와 20대 아들이 대한민국 구석구석을 여행하면서 통일전망대를 찾은 것이다. 셋이서 2만 원씩 6만 원을 내고 택시로 출발하기로 결정. 수속 등 일체를 택시 기사가 처리하고 바로 떠난다. 이곳에서 통일전망대까지는 11킬로미터. 택시 기사는 이 코스만 전문으로 뛰는 베테랑 운전자다. 상식도 풍부하다. 가는 도중에 택시 안에서 통일전망대에 대한 모든 것을 미리 알려 준다. 심지어 북한의 무기 체계에도 해박한 지식을 갖고 있다. 가는 동안 내내 그걸 자랑한다. 요즘 한창 관심을 끌고 있는 북한의 핵 개발과 관련해서도 일가견을 뽐낸다. 처음부터 말이 없던 조선족 부자. 택시 안에서도 조용히 듣고만 있는 이들이 갈수록 궁금해진다. 대체 어떤 사람들일까? 그러는 사이에 어느덧 택시는 통일전망대에 도착한다(10:25).

택시 기사는 우리에게 통일전망대 관람 요령을 설명해 주고 자유롭게 시간을 가지라고 한다. 맘껏 구경하고 오라는 것이다. 필요할 때에 자기를 부르면 사진을 찍어주겠다는 말도 빠트리지 않는다. 통일전망대에는 그동안 두 번 정도 왔었다. 한 번은 직장에서 단체로 교육 차원에서 왔었고, 또 한 번은 가족여행이었다. 그때의 건물들과 주변 풍경들이 새록새록 떠오른다.

통일천망대 도착

통일전망대 앞에 선다. 계단 위에 세워진 건물의 출입구 위쪽에는 한자로 된 '統一展望臺'란 글씨가 뚜렷하게 적혀 있다. 20여 개의 계단을 오르면 통일전망대 입구에 이른다. 계단 좌측에는 '해돋이 통일전망타워 신축공사'를 알리는 안내판이 있고 또 '351고지 전투전적비'를 알리는 안내판과 전적비가 그 옆에 있다. 계단을 올라 통일전망대에 들어선다.

통일전망대는 동해안 최북단인 강원도 고성군 현내면 명파리의 해발 70미터 고지 위에 위치하고 있다. 이곳에는 2층으로 된 통일전망대 건물과 6.25 전쟁체험전시관이 있고 주변에 통일기원 범종을 비롯하여, 전진십자 철탑, 민족웅비탑, 마리아상, 통일 미륵불, 351고지 전투전적지 등이 자리 잡고 있다. 차례로 둘러보기로 한다. 통일전망대 건물의 1층은 멸공관이다. 이곳에는 6·25전쟁 당시부터 현재까지의 각종 무기와 장비, 금강산의 대형 모형 사진 등이 전시되어 있다. 대부분의 관람객들은 이곳을 그냥 지나치고 2층 전망대로 바로 오른다. 나도 보는 둥 마는 둥 하고 2층으로 오른다. 2층에는 계단형 좌석을 배치하여 교육장으로 꾸며 놓았고, 망원경을 설치하여 북한의 금강산과 해금강을 한눈에 볼 수 있도록 해놓았다. 또 사진 촬영 편의를 위해 포토존도 설치해 놓았다. 이곳을 찾은 관광객들에게 가장 인기 있는 곳이다. 북쪽을 바라본다. 긴가민가했던 북쪽이 선명하게 드러난다. 날씨도 좋아 국토종단의 대미 장식에 일조한다. 해금강 주변의 섬과 만물상, 현종암, 사공암, 부처바위 등도 조망된다. 중앙의 산악 능선을 바라보니 금강산 1만2천 봉의 마지막 봉우리라는 구선봉과 선녀와 나무꾼의 전설을 지닌 감호까지 볼 수가 있다. 눈을 돌려 바다를 바라본다. 바다의 만물상이 손에 잡힐 듯 펼쳐진다. 포토존 바로 아래에는 조국분단의 현실을 직접 볼 수 있는 비무장지대와 휴전선 철책이 있다. 가슴을 멍하게 하는 순간이다. 사람들은 포토존에서 많은 사진을 찍는다. 조선족 부자도 사진 촬영에 여념이 없다. 그들은 남에게 부탁하지 않고 셀카봉을 이용해 직접 찍는다. 내가 제안해서 억지로 사진을 찍어주고 우리 셋이서 기념사진도 찍었다. 나와 함께 찍은 사진을 보고 좋아하는 조선족 부자를 보니 나도 덩달아 기분이 좋아진다. 2층에서 한참 동안 시간을 보내다가 내려간다. 전망대 주변에도 여러 조형물과 시설들이 있다. 마지막으로 6.25 전쟁체험전시관에 들른다. 이곳에서도 조선족 부자가 많은 촬영을 하는 것을 보고 그분들의 심정을 조금이나마 엿보게 된다. 이분들과 많은 이야기를 나누고 싶었지만, 그들만의 여행에 방해가 되지 않을까 싶어서 그냥 지켜만 본다.

햇빛도 숨을 죽이고 바람도 멈추어버린 통일전망대. 말이 없는 북녘 땅을 바라보며 지나온 시간을 거슬러 올라가본다. 국토종단을 출발하던 첫날 새벽부터 폭우가 쏟아졌다. 그 아찔했던 순간이 지나고서부터는 순풍에 돛을 단 듯 오늘까지 거침없이 달려왔다. 주변의 도움이 컸다. 감사할 대상이 많다. 걷는 동안 내내 맑디맑았던 가을볕은 국토종단의 완주를 무사히 이끈 일등 공신임에 틀림이 없다. 19일간 무거운 내 발걸음이 마음 놓고 앞으로 나아갈 수 있도록 중단 없이 펼쳐진 도로, 도로변의 가로수들, 시시각각 나타나는 마을들, 길 위에서 만난 은인이자 스승인 네 분의 보통 사람들, 내 숙소 역할을 당당하게 해낸 1인용 텐트와 마을 정자 그리고 곳곳의 찜질방, '國'이라는 깃발이 꽂힌 내 배낭, 두 켤레 신발 등. 모든 분들에게, 모든 것들에게 감사를 드린다. 나 자신을 믿고 주어진 여건에서 최선을 다했다. 비로소 조심스럽게 국토종단의 성공을 선언한다. 눈을 감고 떠올려 본다. 누구에게든, 무엇에게든 고맙다고 말하고 싶다. 오지 여행가 한비야 씨의 글에서 이런 문장을 읽은 적이 있다. '정상을 오르는 사람은 강하고 빠른 사람이 아니라 자기 자신만의 속도로 최선을 다하는 사람이다.'라는. 그렇다. 목표를 이루는 사람은 자신을 믿고 최선을 다하는 사람일 것이다.

이렇게 19일간에 걸친 국토종단길이 막을 내리게 된다. 지나온 날들을 되짚어 본다. 해남 땅끝에서 강원도 고성 통일전망대까지 745킬로미터를 걸었다. 도로만 따라 걸은 게 아니다. 불가피하게 세 곳에서는 산길을 걸었다. 영암 풀치터널을 피하기 위해 좌측으로 난 산길을 걸었고, 문경새재에서 괴산군 고사리까지, 오대산 월정사에서 상원사, 두로령을 거쳐 홍천군 내면 탐방지원소까지 걸은 게 그 산길들이다. 터널도 6군데나 통과해야만 했다. 수동터널, 불로치터널, 조금재터널 두 곳, 싸리재터널, 압치터널, 모릿재터널들이다. 걷는 동안 내내 날씨도 일조했다. 출발 전에 많이 염려했던 날씨는 출발하는 첫날을 빼고는 하루도 비가 오지 않았고 추운 날도 없었고, 참기 어려울 정도로 더운 날도 없었다. 다만 예상했던 것이지만 걷는 도중에 발가락에 물집이 생겨 며칠을 고생했고, 출발할 때 판단 미스로 신발을 잘못 선택하는 바람에 도중에 신발을 교체하기도 했다. 하지만 이런 것조차 소중한 경험으로 남을 것 같다.

예상외의 소득이 있었다. 어디에서도 경험할 수 없는 큰 가르침을 준 값진 인연을 만났다. 네 분의 은인을 길 위에서 만난 것이다. 임실군 강진면 갈담리에서 국숫집 식당을 운영하는 주인 할머니가 맨 먼저 생각난다. 마을 정자에서 잠을 자겠다는 나의 말을 듣고서는 마을 이장에게 부탁해서 따뜻한 경로당에서 잘 수 있도록 해주셨고, 국수

값을 받지도 않으셨고 식당 문을 나설 때는 커피 믹스 다섯 봉지를 손에 꼬옥 쥐여주시기도 했다. 영월 주천파출소 경찰관들도 잊을 수가 없다. 대화까지의 길과 거리를 확인하기 위해 파출소에 찾아간 나에게 관련되는 온갖 지리 정보를 확인해주었고 파출소를 떠날 때는 맛있는 햇사과를 다섯 개씩이나 주면서 나의 건강관리를 당부하였다. 또 있다. 평창 모릿재 터널 직전에서 만난 할머니다. 할머니는 이른 아침에 오르막을 힘겹게 오르는 나를 자기 집으로 초청하여 과일을 주시고 커피와 라면까지 끓여 주셨다. 임실군 성수리를 지날 때 만난 목사님은 국토종단이 끝나는 날까지 내가 걷게 될 도로 지도를 카톡으로 보내 주셨고 무사한 완주를 위해 기도해 주셨다. 이런 행운을 어디에서 만날 수가 있겠는가. 이런 산 교육을 또 어디에서 받을 수가 있겠는가. 행복했다. 꼭 언급하고 싶은 한 가지가 더 있다. 이번 국토종단을 통해 국토종단 최적의 루트를 확인한 것이다. 최적의 루트를 확인했고, 국토종단 길을 걷는 요령과 길 위에서 숙식을 해결하는 방안까지도 직접 체험을 통해 터득했다. 그리고 이런 것들을 국토종단을 망설이는 모든 사람에게 자신 있게 알려줄 수 있게 되었다. 이것은 국토종단을 출발하기 전에 마음먹은 것들이었고, 내가 국토종단을 결심한 이유이기도 하다. 정말 행복하다. 국토종단을 출발하기를 참 잘했다는 생각을 또 하게 된다. 반면, 위기도 있었지만 내게는 이런 위기마저도 산 교육이었다. 오대산 상원사에서 하룻밤 숙박을 거절당하고 한밤중에 산에서 내려와 도로변에 텐트를 치고 자야만 했고, 버젓이 메뉴판에 적힌 음식을 주문했는데도 혼자라는 이유로 음식 제공을 거절한 대진항 주변 음식점의 비인간적인 태도에도 꾹 참아야만 했다.

9월에 시작해서 10월에 끝난 국토종단. 먼 길이었다. 길 위에서 가을을 보냈다. 뒤돌아보니 삶 자체가 새로운 출발의 연속인 것 같다. 나이에 상관없이 말이다. 내가 나를 안다. 그런 나를 의식하는 한 나는 또 길을 나설 것이고, 그 길이 끝날 때쯤이면 그곳에서 새로운 길을 다시 찾게 될 것이다. 마음이 이렇게 후련할 수가 없다. 국토종단은 그동안 마음속의 큰 짐이었다. 물론 누구나 쉽게 떠날 수 있는 것은 아니다. 무엇보다도 20여 일 이상의 장기간이 소요되기 때문이다. 나는 퇴직하기만을 기다렸고, 그동안 진행하고 있던 우리나라 중심 산줄기인 1대간 9정맥 종주가 끝나기만을 기다렸었다. 모든 게 해결되었고, 기다리고 기다리던 절호의 기회가 왔다. 2017년 9월 바로 실행에 옮길 수가 있었다.

어느 작가의 말이 생각난다. "만족하지 말자. 포기하지 말자. 새로운 꿈을 꾸자"라는. 이제 국토종단은 끝이 났지만 나는 또 다른 꿈을 꿀 것이다. 그래서 쉬지 않고 계속해서 앞으로 나아갈 것이다. 꼭 그렇게 할 것이다. 무엇보다도 감사해야 할 이들이 있다. 아내를 비롯한 가족이다. 10여 년 이상을 모든 걸 제쳐두고 우리나라 산줄기 걷기에 빠져 버린 나 때문에 그동안 애태우며 가슴앓이를 했을 우리 가족이다. 이제 '나의 국토 걷기'라는 대장정은 이번 국토종단을 끝으로 막을 내리게 된다. 이제부터는 그동안 나 때문에 멍들었을 가족들의 마음속 상처를 씻겨줄 그런 삶을 살 것이다. 가족을 위해 나의 모든 것을 바칠 것이다.

오늘 걸은 길

대진항 → 고성소방서 현내119지역대 → 안보공원 교차로 → 통일전망대 출입신고소 → 통일전망대(4.0Km, 1시간. 출입신고소에서 통일전망대까지 약 10킬로미터는 택시 이용)

부록

국토종단 준비물

❖ 신발
- 가장 중요한 장비다. 국토종단은 아스팔트길을 장기간 걸어야 하기 때문이다. 발이 편해야 장기간 걸을 수가 있다.
- 비교적 가볍고, 부드러운 재질로 되어 있어 발의 움직임이 편하고, 바닥이 두꺼워 충격흡수가 잘 되는 경등산화나 하이킹 슈즈를 권한다. 등산을 오래 한 사람이라면 등산화도 괜찮다. 바닥이 얇은 테니스화나 조깅화는 장기간 걷기에는 부적절하다. 신발을 고를 때는 발가락을 놀릴 수 있을 정도의 여유 공간이 있는 사이즈를 골라야 한다.

❖ 배낭
- 60리터 이상의 충분한 사이즈가 필요하다.
- 등과 어깨에 쿠션이 있고, 허리 부분에 벨트가 있으며 양쪽에 주머니가 달린 배낭이 필요하다. 새로 구입할 경우 최근에 나오는 배낭은 대부분 이런 게 갖춰져 있다.

❖ 스틱

○ 개인차가 있을 수 있으나 나는 불필요하다고 본다. 처음에 혹시 몰라서 가지고 갔다가 다음 날 바로 소포로 보내버렸다. 걸을 때는 항시 손에 메모장을 쥐고 있기 때문에 스틱까지 쥐고 걷기에는 너무 불편할 뿐만 아니라, 국토종단 길이 대부분 평지가 계속되기 때문에 스틱의 필요성을 거의 못 느낀다.

❖ 비옷

○ 비옷은 코트형이 편리하다. 상, 하의가 구분된 비옷은 통풍이 좋지 않고 입기에 불편할 수가 있다.

❖ 지도

○ 중앙지도사에서 나온 1:150,000 한국도로지도라면 충분하다.

○ 지도 전체를 지참할 필요가 없고 걷게 되는 국토종단 루트가 나온 부분만 발췌하던지 복사해서 지참하면 된다. 배낭 무게를 줄이기 위해서다.

❖ 메모장

○ 국토종단은 20일 이상 장기간이 소요되는 한 인생의 큰 행사이자 역사가 될 수 있다. 그런 만큼 기록이 필요하다.

○ 걸어가면서 기록하기에는 손에 딱 잡히고 주머니에 넣기도 편한 적당한 크기의 취재용 수첩이 좋다. 수첩에 메모하기 위해서는 펜이 필요한데 목에 걸 수 있는 볼펜을 준비하면 아주 편리하다.

❖ 옷

- 겉옷 두 벌과 잘 때 입을 반팔 한 벌 정도 준비하면 된다. 걸을 때 입는 옷과 여벌의 갈아입을 옷이다. 옷은 평소 등산할 때 입는 등산복 정도면 된다. 옷을 준비하면서 망설이게 될 텐데 가급적 필요한 최소량만 가지고 가도록 한다. 배낭 무게 때문이다. 장기간 걸을 때는 특히 배낭이 가벼워야 하고 간편해야 한다. 그리고 수시로 빨래를 해서 갈아입을 수 있기 때문이다.
  * 계절에 따라 기온에 맞춰 준비
- 속옷도 두 벌이면 충분하다. 빨래가 가능하기 때문이다.
- 주머니가 많은 등산조끼가 아주 유용하다.
- 양말은 두꺼운 것으로 네 켤레 정도 준비하면 된다. 국토종단은 종일 걷기 때문에 발에 무리가 갈 수 있는데, 이때 쿠션 역할을 해주는 것이 두꺼운 양말이다.

❖ 모자

- 햇볕을 충분히 가릴 수 있는 챙이 넓은 등산용 모자가 좋다.

❖ 의약품

- 상처 연고, 일회용 밴드, 감기몸살약, 안티푸라민, 압박붕대, 바르는 파스, 소독용 알코올, 솜, 반창고, 진통제, 자외선차단제, 베이비 파우더 등

❖ 세면도구

○ 비누, 칫솔, 치약, 수건

❖ 기타

○ 비 올 때를 대비하여 귀중품을 담아 보관할 비닐봉지 3~4개, 투명 지퍼 백 3~4개, 랜턴, 호루라기, 휴대폰 충전기, 카메라,

○ 여행경비는 숙박 형태에 따라 큰 차이가 있다. 대략 하루에 6만 원 정도면 된다. 나는 야영과 찜질방을 숙소로 이용했기에 하루 4만 원 정도로 가능했다.

○ 식사는 가급적 매식을 권한다. 만들어 먹을 경우 취사도구 때문에 배낭 무게가 늘어 걷기에 지장이 있을 뿐만 아니라 시간도 많이 뺏기게 된다. 지금은 도처에 편의점이 있어 간편식 구하기도 쉬워졌다.

○ 자외선 차단이 되는 선글라스와 터널을 통과할 때 착용할 마스크가 필요하다.

국토종단 시 주의사항

○ 걸을 때는 다가오는 차를 바라보며 걸어야 돌발상황에 대처할 수 있다. 특히 대형트럭이 다가올 때는 잠시 멈춰서 트럭이 지나간 다음에 걷도록 한다.

○ 이번에 개발한 국토종단 루트는 6개의 터널을 통과해야 하는데, 터널을 통과할 때는 반드시 인도를 이용해야 한다.

○ 이번에 개발한 국토종단 루트에서는 두 번의 산길을 걷게 되는데, 혼자서 산길을 걸을 때는 야생동물 등의 위험에 대비해야 한다.

○ 시야 확보가 어려운 야간에는 가급적 걷지 않는 것이 좋다.

○ 자연환경을 훼손하거나 농가의 농작물에 손을 대서는 안 된다.

○ 인터넷 정보는 업데이트되지 않은 정보일 수도 있으니 숙박 장소·식당 등 중요한 정보는 출발 전에 직접 확인할 필요가 있다.

○ 하루에 걷는 거리는 가급적 사전에 계획된 거리만큼 걷도록 한다. 그래야 계속 좋은 컨디션을 유지할 수가 있다.

○ 식당이나 찜질방 등에서 현지 주민을 만날 때는 그들의 문화와 생활방식을 존중하도록 한다.

o 중요 문화재나 명소의 자료를 사전에 충분히 조사해 두면 걸을 때 현지에서 유용하게 활용할 수가 있다.

o 배낭의 무게는 가급적 10kg이 넘지 않도록 한다. 배낭 무게에 신경 쓰다 보면 마음의 여유가 사라져 자칫 국토종단의 의미가 반감될 수도 있다.

o 다음날 일기예보를 반드시 확인한다.

o 사진은 가급적 많이 찍고, 기억에는 한계가 있으므로 떠오르는 생각은 그때그때 메모하도록 한다.

o 걷는 루트가 불확실하거나 궁금한 사항이 있을 때는 반드시 현지인이나 관공소에 물어 확인할 필요가 있다.

o 걷는 도중에 기록한 메모는 반드시 당일 정리하도록 하자. 기억이나 느낌이 가장 확실할 때가 당일이다.